Cy est le compost et kalédrier

des bergiers nouuellement et autremét cõpose que neſtoit
par auant Du quel ſont adiouſtez pſuſieurs nouuelletes/
cõme ceulx qui ſe verront pourront cõgnoiſtre. Et enſei
gne ſes iours heures ⁊ minutes des lunes nouuelles ⁊ des
eclipſes de ſouleil et de lune. ſa ſciéce ſalutaire des bergiers
que chaſcun doit ſauoir: et que plus eſt leur cõpoſt et kaſen
drier ſur la main en francoys ⁊ latin tel quilz parlent entre
eulx. Larbre des Vices Larbre des Vertus: et ſa tour de ſa
pièce figuree: enſéble ſa phiſique et regime de ſante diceulx
bergiers. queſt nothompe et fiebothompe: Leur aſtrologie
des ſignes eſtoilles et planetes: et phizonompe. Et pſu
ſieurs choſes exquiſes et difficiles a cõgnoiſtre. Lequel com
poſt ⁊ kaſendrier touchãt les lunes et eclipſes eſt approprie
comme doit eſtre pour ſe climatz de france au iugement et
congnoiſſance des bergiers. ⁋ Et ſe vendent leſdis ka
ſendriers en la rue ſaint iaques a ſenſeigne du leon dargét
pres ſes matutins.

Lauiean Tabourot, Chanoine de Langr
oncle Eſtienne Taburot
nom du ſieur des accor

Prologue de lacteur qui par escript a mis ce compost et kasendrier des Bergiers et en soume telle quil est.

Ng Bergier gardans brebis auy champs qui nestoit clerc. et si nauoit aucune congnoissance des escriptures. mais seulemët par son sens na turel et entëdement disoit. Cöbien que Viure et mourir soiët au plesir et Volëte de nostre sei gneur si doit söme naturelemët Viure iusques a lppii ans ou plus. Sa raison estoit. Autant de temps que söme est a Venir a force Vigueur et beaulte. autant en doit mectre pour enueillir enseiblir et aser a neät. Mais se terme de croistre et Venir lomme en beaulte force et Vigueur est. ppp Vi. ans. Doncques suy en conuient autant pour enueillir et tourner a neant et sont. lppii.

a.ii

ans que doit ou peult bien viure par cours de nature. Ceulx qui meurēt
deuant cestuy terme souuent est par violence et oultraige fait a leur com
plexion et nature. mais ceulx qui viuent plus longuement est par bon re
gime et les enseignemens: selon lesquelx ont vescuz et se sont gouuernes.
¶ A ce propos de viure et mourir disoit ce Bergier que la chose laquelle
desiroit plus au monde estoit longuemēt viure. et celle que craignoit plus
estoit tost mourir. si traueilloit son entendement et mectoit diligēce et cure
grāde de sauoir et faire les choses possibles et requises pour viure longue
ment/sainement/et ioyeusement que ce present compost et kalendrier des
Bergiers enseigne et aprent. ¶ Disoit aussi que son desir de longuemēt
viure estoit en son ame laquelle tousiours durera pour quoy vouloit quil
fut acomply apres sa mort cōme deuant: disant. Puis que lame ne meurt
point et en elle soit le desir de viure longuement seroit vne paine laquelle
dureroit sans fin qui ne viuroit apres sa mort aussi comme deuant. Car
cestuy qui ne viuroit apres mort corporelle nauroit point ce quil a desire.
cestassauoir viure longuement et demourroit en paine sans fin quant na
uroit son desir de viure acōply. Si concluoit cestuy bergier chose necessaire
pour luy et autres sauoir et faire ce quapartient pour viure apres la mort
cōme deuant et mieulx quāt on scet et verite est: que cestuy qui ne viuroit
que la vie de ce monde seulement et vesquit cent ans et plus ne viuroit
pas longuement proprement. mais viuroit longuemēt cestuy a qui la fiɲ
de ceste vie mortelle seroit cōmencemēt de vie eternelle. Si se perforcoit de
viure au monde vertueusemēt pour aps mort corporelle viure par durable
ment car cōe disoit. lors on viura sans iamais mourir quāt on aura vie
pardurable et sera parfait et acōply par ce point et non autremēt le desir
de longuemēt viure. ¶ Cōgnoissoit aussi cestuy bergier que la vie de ce
monde est tost passee: et que pose quelle soit grande voire pour cestuy qui
viuroit.lxxxii. ans ou plus: si est elle trespetite et sans cōparaison a la vie
que tousiours durera et ne finera point. A laquelle redoit paruenir. pour
laquelle chose faire viuoit tellement sobrement des petis biēs temporelx
quil auoit que ne perdit point les grans biens du ciel qui sont eternelx les
quelx il actendoit.

finit le prologue de lacteur du cōpost et kalendrier des bergiers
Et ensuyt autre prologue du maistre Bergier: lequel parle: et
preuue par autres raisons ce que cy deuāt est dit ainsi ꝗ bergiers
preuuent et arguent les vngz auec les autres. et ce quil dit il
enseigne et monstre cōme maistre aux autres Bergiers.

¶ Ly parle le bergier par ung prologue contenant
la diuision de son compost et kalendrier

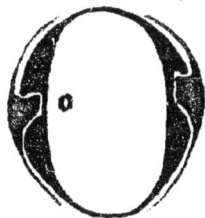

On peult aussi sauoir et congnoistre par les pii moys de lan et par quatre saisons qui sont: printemps Ete Antom puers: que somme doit viure naturelement sppii ans ou plus. ¶ Nous bergiers disons que leaige de lome sppii ans est come ung an seul: comprenant tousiours siy ans pour chascun moys de lan. Car comme lan se change en pii manieres diuerses par les pii moys. Ainsi homme en son eaige se change pareillement de siy ans en siy ans iusques a pii foys qui font iustement sppii ans que peult viure par court de nature. ¶ Du qui veult ce congnoistre par les quatre saisons doit sauoir que leaige de somme tout est diuise par quatre parties: lesquelles sont Ieunesse/force/saigesse/vieillesse. Et sont chascune de pViii ans qui tous ensembles font sppii. et se rapoitent aux quatre saisons de lan par leurs conuenances et similitudes: cestassauoir Ieunesse plaisante au printemps gracieux. force vigoreuse a este chaleureux. Saigesse proufitable a antom de biens plantureux. vieillesse debile a puers froidureux. Ainsi soit

a·iii

par les xii mops de lan: ou par ces quatre saisons appart que leage de lõ
me de .lxxli. ans est sẽblable par cõparaxion a vng an seul rapportant six
ans a vng mops: ou p̃ Viii ans a vne des saisons de lan: deszqlles chascu
ne a trois mops: printẽps a feurier/mars/auril. Este map/iuing/iuillet
Antom aoust septembre octobre. puets nouẽbre decembre ianuier. ¶ Si
venons au propos de mõstrer cõme selon les xii mops lõme se change en
son temps xii fops. et prenõs premieremẽt six ans pour ianuier lequel na
chaleur vertu ne vigueur pour quop en luy nul bien ne croist: La terre ne
fait aucun prouffit de valeur. Ainsi lõme apres quil est ne ses six premiere
ans est cõme impotẽt sans force vertu ne entẽdemẽt pour sop sauoir regir
ne gouuerner: ne faire chose qui peust prouffiter. ¶ Mais apres vient
feurier que le temps commence se eschauffer les iours croistre et la terre sop
renuerdir: ou quel mops vers sa fin cõmence le printẽps douly et plaisant
Ainsi lõme en autres six ans cõmence venir grãt Vng peu sop cõgnoistre
douly et obeissant et plaisant pour seruir: et lors il a des ans xii. ¶ Si
vient le mars ou quel on laboure sème la terre on plante arbres et fait edi
fices:car a telp choses faire est temps propice. Ainsi lõme autres six ans est
disposé pour receuoir doctrine et apprendre science: en ce temps doit en sop
planter vertus et edifier sa vie quelle soit belle et hõneste: et adonc a des
ans p̃ Viii. ¶ Puis vient auril que terre et arbres sont couuers de verdu
re et emplis de fleurs et de toutes pars biens pssent de terre abondãment
Ainsi lomme autres six ans est couuert de grant beaulte: en fleur de sa ieu
nesse: commence venir fort et estre vigoreux: si doit fleurir et prandre bon
commencement: car fleurs sont monstrance des fruictz aduenir: et se doit
garder des ventz mauuais et des froidures par quop si les fleurs perissẽt
fruictz ne viendront point. Mauluais ventz et froidures sont les vices
qui empeschent lomme venir a honneur: lors il a des ans xxiiii. ¶ Que
vient le mops de map gracieux et plaisant que toute nature se estouist: op
sillons chantent au boys iour et nuit. Arbres se chargent de fruictz et terre
aussi: le souleil est fort chault: et vers sa fin este fait son commancement.
Ainsi lõme en autres six ans se doit ieune beau vertueux et entrer en cha
leur: quiert esbatemens danser saulter et chanter nuit et iour que souuẽt en
oublpe le boire et menger: si entre en sa grãt force: et a des ans xxx ¶ Et
vient le mops de iuing que le souleil est monte en grant haulteur chaleur
force et vertu: les iours sont longz plus que peut estre. Ainsi est lõme au
tres six ans en grant force chaleur vertu et haulteur de son eage que plus
ne peult mõter: et a des ans xxxvi. ¶ Du iuillet viẽt que le souleil com
mence decliner: iours appetissent: et fruictz viennent a maturite. Ainsi
lomme autres six ans congnoist estre en sa force et qui commence en aler de

Jeuneffe/fon eage appetiffer/fi fe meure/et quiert deuenir faige/gaigner a
amaffer pour fa Bielleffe: et a des ans. plii. ¶ Apres Bient aouft téps de
amaffer cueillir et ferret a loftel fes biens de terre faucher féner ou ql mops
cómence antom) quon doit amaffer les biés. Ainfi lóme eft autres fix ans
prudét et faige/pient diligéce dacquerir richeffes pour Biure le temps que
ne pourra gaigner: fi a des ans.plBiii. ¶ Et Biét feptébre ñ Bédenges
fót fruictz des arbres Beullét eftre cueillis. hóme prudét gatnit fa maifon
fait prouifion des chofes neceffaires pour Biure en puers qui approuche/
Ainfi lóme autres fix ans profperant en faigeffe/propofe emploier le téps
que luy refte a Biure en faifant bónes euures/ et defpendre fans exces fes
biés quil a/tát que luy doiét fouffire/car bien fcet que le téps approuche ql
debura repofer fás pouoir gaigner.et a des ans.fiiii. ¶ Que Biét octobre
quát tout eft amaffe/biés font a loftel/blez/Bins/ fruictz/ de rechef on
piét a labourer et femer fa terre pour lan aduenir/et ñ ne femeroit ne cueil
feroit rien. Ainfi lóme autres fix ans a ce que doit auoir/cóuiét ql fe cótéte
car plus ne gaignera. Se pient feruir a dieu/fait penitéce/et euures telles
quelles foiét feméce des fruictz quil cueillera lan aps fon trefpas: et a des
ans.fp. ¶ Si Biét nouébre que iours fót petis/le fouleil a peu de chaleur
arbres fe defpoillent/terre pert Berdeur/puers cómence Benir. Ainfi lóme
autres fix ans fe congnoift ia Bieulp/ a perdue fa chaleur/ defpoullee fa
Beaute/fa force/fa Bigueur/fes dens fochent/fa Beue eft debilitee/plus na
efpoir ou móde/fon defir art Biure apres fa mort/perfeuere péfant de fon
falut: et a des ans.fpBi. ¶ Puis Biét decébre plai de froidure/de neiges
et Bétz/fi que on tremble de froideur/et ne peult on labourer/le fouleil eft
plus bas que peult defcendre. Arbres font conuers de brume blanche/ neft
ñlque chaleur/force eft fop tenir pres des tifós et defpédre les biés amaffez
en antom). Ainfi eft lóme autres fix ans enfroidis/ que mébres luy tréblét
fes cheueup blancz et chenus/ne peult efchaufer/ñert le feu/ou le fouleil fil
fait chauft/Beult toft coucher/tart feuer/ cógnoift que le téps de fon eage
eft paffe: car il a des ans. fppii. et fil Bit plus longuemét touftours deuié
dra feible et decrepite et fera par le bon gouuernement de fon ieune eage.
¶ A quoy ie diz moy bergier et parlant plus oultre de longuemét Biure
ou toft mourir que les corps celeftieulp y peuent faire auancement: auec le
gouuernement bon ou mauuais des hommes par ce que enclinent a faire
bien ou mal combien que fomme ny foit contrainct: mais y peult refifter
par fa Boulente franche de faire ce quil Beult: et laiffer ce quil ne Beult.
Sus lefquelles inclinacions eft le Bouloir de dieu alongiffant la Bie par
fa bonte a qui Beult: ou lappetiffant pour fa iuftice. Pour quoy en noftre

compost et kalendrier sera monstre cõme nous bergiers auõs cõgnoissance
diceulp corps celeste'p de leurs mouemens et vertus. ¶ Et est ce present
liure nomme compost: car il comprent tout le contenu du compost et plus
pour ses iours heures et minutes des nouuelles lunes: des eclipses de sou
leil et de lune. et du signe ou quel la lune est chascun iour que le cõpost nen
seigne pas. Et est dit des bergiers: car il est extraict quant a la plus part
le nos kalendriers des bergiers: et facile a cõprãdre pour gens non clercs.
Et si contient doctrine que bergiers et autres gens doibuent sauoir ensem
bles plusieurs enseignemens adioustes par celuy qui la mis en liure cõme
il est. Lequel compost et kalendrier est diuise en .v. parties principales. La
premiere est nostre sience de compost z kalendrier. La seconde est larbre des
vices ensemble la cõmination des paines pour ceulp qui les aurõt cõmis.
La tierce est voye salutaire de hommes. larbre des vertus et la tour de sa
pience refuge des bons. La quattiesme est phisique et regime de sante de
nous bergiers. Et la cinquiesme nostre astrologie et phizonomie pour cõ
gnoistre plusieurs fallaces et cautelles du monde. ceulp qui par nature y
sont enclins et les seuent faire. Lesquelles parties declairees cõme les en
tendons sera la fin du present compost et kalendrier.

¶ Comme on doit entendre le
cõpost et kalendrier des bergiers.

POur auoir cõme bergiers cõgnoissance de leur cõpost et kalendrier
on doit sauoir que lan est mesure du temps que le souleil passe par
les .xii. signes retournant a son premier point. Et est diuise par .xii. mops
qui sont Januier/feurier/mars/auril/map/iuing/iuillet/aoust/septẽbre/
octobre/nouembre/decembre. Ainsi le souleil en ces .xii. mops passe par les
xii. signes en lan Pnefops. Les iours de son entree es signes sõt signes ou
kalendrier. ses iours aussi quil en part. Lan doncques a .xii. mops. des sep
maines .lii. et des iours trois cens. sp v. et quãt bipeste est .sp vi. vng iour
a .xxiiii. heures. et chascune heure .lp. minutes. Apres ceste diuision cõuiẽt
sauoir pour chascun an trois choses. La premiere est le nõbre dor. La secõde
la lre blicale. Et la tierce sa lre tabulaire ou gist toute la practique de ce
cõpost et kalendrier. Pour lesdip nõbre et lre trouuer: et entendre pour tout
tẽps quõ vouldra sauoir soit passe' ou aduenir: serõt mises trois figures
tantost opres le kalendrier. desquelles la premiere monstrera la valeur et
declaracion des deup autres. ¶ Cõuiẽt aussi sauoir q en en .iiii. ans en y a
vng de bipeste lequel a vng iour plus que les autres. et aussi il a deup lres
dominicales signees en vne des figures. Et se change ceste lectre le iour
saint matthias ou quel sa vigile est mise auec le iour sur vne mesme lectre.

℩ Conuient sauoir aussi que les sectes feriales de ce kalendrier sentendēt
cōme celles des autres kalendriers. deuant lesquelles sont trois nōbres:z
autres trois apres icelles sectres feriales. Le premier nōbre deuant les frēs
descendant bas est le nombre dor droictement sus les iours de la nouuelle
lune: et les deux qui sont auec: sont seure et la minute dicelle lune. les q̃lz
quāt sont rouges seruent pour deuant midi du iour sur quop sont: et quāt
sont noires seruēt pour apres midi du iour mesme. mais o en lieu de nōbre
segnefie que ny a point de nombre ou il est. Le iour est entēdu depuis vne
minuit iusques a laultre minuit. Et seruiront les dis nombres deuant les
sectres feriales .pip.ans completz: depuis lan de ce present kalendrier mil
cccc.lpppp vii.iusques a lan mil. v.cens.p vi. ou quel an cōmencera seruir
le nombre dor z ses deux autres nombres apres les sectres feriales tout en
la maniere cōme ceulp deuant: pour autres .pip. ans. Tout le remenant
du compost et kalendrier est perpetuel: fors ces deux nombres dor: si dure
ront ilz .pppviii.ans entiers: desquelz Lan mil. cccc.iiiipp.et. p vii.est le p̃
mier. Les festes ou kalendrier sont sur seurs iours: desq̃lles les solēnelles
sont escriptes de rouge et hystoires en la vignete:pres laquelle vignete en
fin des lignes sur chascun iour est vne lectre de .labc. pour sauoir en quel si
gne la lune est cestuy iour: et est dicte lectre des signes: pour laquelle sera
mise vne figure deuāt le kalendrier qui mōstrera cōme on la doit entēdre.
℩ Lan de ce present compost et kalendrier quil a cōmence auoit cours le
premier iour de ianuier est. M.cccc.iiiipp.et.p vii. ou q̃l court pour nombre
dor.p vi. La sectre dominicale a: et la sectre tabulaire f noire. Lesquelles
sectre dominicale et tabulaire sont es premieres lignes de seurs figures et
prouchaines au nōbre dor p vi pour lan qui est dit de ce present compost et
kalendrier.

℩ Leulp qui sceuent le compost practiquent
la sectre dominicale par les vers cy dessoubz.
filius/esto/dei/celum/bonus/accipe/gratis
℩ Ou par autres vers
fructus alit canos et gelica bellica danos
Et genitrip bona dat finis amata cadat
Dant flores anni color eius gaudia busti
Lambit edens griffo foabel dicens fiet agur
℩ Pour situer les mops
Al dam/de/ge/bat/et/go/cp/sos/a/dip/sos
℩ Pour le nombre dor et la prime lune
Tet nus vn din nod oc to sep quin qz tred am bo de cem dor
Sep tem quin quar tus duc io la no uem def v i quat

¶ practique ingenieuse ou compost des bergiers.

Nouuellemét et subtillemét bergiers ont trouue pour sauoir le nôbre so-
les lectre dominicale et tabulaire Vne practique briefue qui sensuit laquesse
pour sa subtilite est difficile: se premierement nestoit monstree de ceulx qui
sentendét: mais a ce ne côuiét sarester ne traueiller pour cause des figures
qui tout enseignét et mônstrét trouuer et sauoir facilemét ladicte practique.

¶ finis/canos/agur/eius/bona fructus.
Dicens/anni/et/bessica/griffo/dant/amara/
Et/cambit/gaudia/dat/asit/siet/color/
Genitrip/danos/boabel/flores/cadat/gesicu/
Edens/busti.

¶ Quatre secretz du compost des bergiers.
Mobilis asta dies. c. currens aureus octo
Septeno cum. 8. non erit inferior
B. Veneris sancta sed quinqz tred ambo maria
Nec erit in toto dicens similis simul octo.

¶ Le kalendrier sus la main pour sauoir
les festes: et quelz iours elles sont.
Qui veult sauoir le kalendrier Sus sa main comme le bergier
Quant et quel iour il sera feste Ce qui sensuit mecte en sa teste
Auant tout euure sans songe. A. b. c. d. e. f. g.
Les iours de lan tous par ces sept lectres sont congnus chascun soet
Vne est pour dimenche tousiours Six autres sont pour les six iours
Et es ioinctures doibuent estre Assises en la main senestre
Des quatre dops cest tout apoint Le poulce compuns ny est point
Toucher on les doit de la main Dextre: pour estre plus certain
A. b. c. sont hors main. g. sus. D. e. f. deenz sont inclus
Apres tantost conuient sauoir Quel lieu chascun mops doit auoir
A. petit second dom. de. g. dop. E. g. c. sont au moyen dop
f. a. metz ou median. D. f. ou petit prennent fin.
Januier est sus a. du petit dop assis a son appetit.
feurier et mars sont se me semble Sus d. du second dop ensemble
Autil sus g. sus le B. map Qui tout temps est ioyeulx et gap
Juing est sus e. du dop milieu. Juillet sus g. cest son droit lieu
Et aoust sus c. puis apres vient Septembre que loger conuient
Sus f. du quatriesme dop Octobre sus a. cest pour soy.
Apres il fault mectre nouembre Sus d. et sus f. decembre
Du petit dop pour abreger Douze mops fault ainsi loger.
¶ Apres bran. pen. croix. luce. quatre temps
As pour ieuner sans faillir en nul temps.

En deux des signes cy deffoubz sont autant de syllabes cõme ont
de iours ou moys au quel seruent: on les doit asseoir sus autant de
ioinctures de la main senestre chascune syllabe sus vne ioincture.

❧ Januier

En.ian.uier.que.les.roys.Ve.nus.font.Glau.me.dit.fre.min.mor.font:
An.thoi.ne.seb.ag.Vin.cent.boit.Pol.doit.plus.quon.ne.luy.doit.

❧ feurier.

A: chan: de: feur: a: gath: Vient: A: pa: ris: p̄: men: sou: uient:
Et: iu: li: en: de: pois: sy. Pier. re: ma: thi: as: aus: sy.

❧ Mars

Au.Bin.dit.que.mars.est.pui.seur. Cest.mon.fait.gri.go.ret.ftil.leux.
Quen.fe.rons.nous.Be.noist.a.dit.Ma.rie.point.ne.res.pon.dit.

❧ Auril

En/a/uril/am/Broi/se/Beu/uoit/Du/mil/seur/Tin/quil/a/uoit
Quant/Vint/qui/tout/a/che/ta/Gor/ge/marc/hans/et/le/pap/a.

❧ May

Ja: ques: croix: dient: que: Han: ses: may: Ni: co: las: dit: il: est: Vray.
Sai: ges: et: sotz: hon: no: res: sont. Quãt: Vr: bain: et: ger: main: se: sont

❧ Juing

En.iuing.on.a.Bien.sou.uent.Grant.soif.ou.Bar.na.Be.ment.
En.ce.temps.Bien.dient.de.myr.re.Dou.ihan.e.lop.son.filz.pier.re.

❧ Juillet

En/iuil/let/mar/tin/se/com/Bat.Et/du/Be/noi/tier/saint/Bat/Bat
La/sour/uint/mar/guet/mag/de/sain.Cri/sto/fle/Ba/ston/en/main.

❧ Aoust.

Pier: res: es: tien: ne: ger: foif. A: pres: sau: rent: qui: Bru: loif.
Ma: rie: plinf: cyp: er: es: Brai: re.Que: Bar: the: le: mp: fit: ihan: tai: re.

❧ Septembre

Gil/les/a/ce/que/ie/Voys. Ma/ries/toy/se/tu/me/croyx.
Et/prie/de/tes/nop/ces/ma/ihieu.Son/filz/fre/min/cos/met/mi/chieu.

❧ Octobre.

Re: mys: sont: fran: coys: en: Vi: gueur. De: nis: nen: e st: pas: Bien: as: seur
Lar: luc: est: pui: son: nier: a: Han. Cres: pin: et: sy: mon: a: quen.

❧ Nouembre

Saint/mors/sont/ses/gens/bien/eu/reux. Lon/dit/mar/tin/Bil/a/eux.
Lors/ai/gnen/Vint/de/mil/san. Cle/ment/lia/the/ri/ne/sat/an.

❧ Decembre

E. loy. foif. Ber. Ba. co. fart. Ma. rie. se. plaint. que. lu. cet. art.
Don.par.grant.i.re.tho.mas.mut. De.no.es.ihan.in.no.cent.fut.

¶ Sensuiuent les ditz des xii mops de lan et côme
chascun mops se loue dauaine belle propriete quil a
¶ Premierement Januier
dit ce qui sensuit.

¶ Januier

Je me faiz ianuier appeller Le plus froit de toute lannee
Mais si me puis ie bien venter Que ma saison fut approuuee
La fop de dieu p fut ordonnee Car en mon temps fut circoncis
Jhesus: et si fut demonstree Aux trois rops lestoille de pris

¶ feurier

Et ie suis feurier le hardp Du quel mops la vierge roial
Ala au temple des iuifz faire present especial
La presenta le doulx aignal Dedans les bras de symeon
Prions sa maieste roial Qui garde de france le nom

¶ Mars

Je suis noble mars florissant Tresgentil et tresuertueux
En mop vient bien fructifiant Car ie suis large et plantureux
Et karesme le glorieux Est en mon regne: si vous dis
Que suis en mon temps vigoreux Pour auancer mes bons amis.

¶ Auril

Je suis auril le plus iolp De tous en honneur et vaillance
Car en mon temps fut enfranchp Le monde du fer dune lance
Par la saincte digne souffrance De dieu qui le monde crea
On en doit auoir souuenance Et si en mon temps resuscita

¶ Map

De pareil a mop encor point na En toute ceste assamblee
Car qui bien nommer me saura Je suis le franc rop de lannee
Je suis le map par qui paree Est mainte belle damoiselle
Et en mon temps fut approuuee Des docteurs toute la querelle.

¶ Juing

Chascun scet ma saison est belle Je suis le mops de iuing nomme
Qui faiz fondre la chose est telle Brebis moutons a grant plante
En mon temps doit estre loue Celluy qui tant de biens enuope
Car en mon temps en verite habondent les biens a moniope

¶ Juillet

Et ie crop se ie vous disope Les valeurs qui sont en mon fait
Que point creu de vous ne serope Mop qui suis le mops de iuillet
Je suis iopeulx a peu de plait Pour trestous biens faire meurir
Si doit on bien de cueur parfait En mon temps ihesucrist seruir

Aouſt

Je ſuis aouſt ou quel: nul loyſir Ne doit prendre ne ſeiourner
Faucher ſener ſans grant loyſir Mectre en granche batre vanner
Et ſi deues matin leuer Pour prier le roy redempteur
Jheſus: qui vous doint ſeiourner Pour auoir des cieulx la teneur.

Septembre.

Je me fais ſeptembre appeller Plain de tous biens en tous endrois:
On peult en ma ſaiſon trouuer Froment vin auoynes et pois:
Tous abreges par vne foys Si doit chaſcun par grant raiſon
Aduiſer quil ſoit tant peu ſoit Pourueu de toute garniſon

Octobre

Celluy qui de moy ſe remembre Se doit reſiouyr grandement
Car nomme ſuis le moys doctobre Qui faiz cueillir vin de ſerment
Dont on fait le ſaint ſacrement Sus lautel: en mainte contree
Et quant ie faiz bon vin brayement Ma ſaiſon doit eſtre louee

Nouembre.

Je faiz alumer maint tyſon Nouembre ſuis qui regne aplain
Toute perſonne de façon Doit penſer dauoir vin et pain
Et doit prier au ſouuerain Roy des cieulx pour ſon ſauluement:
Car en mon temps eſt tout certain Que tout meurt natureſement.

Decembre

Je ſuis decembre le courtoys Que ſus tous doiz eſtre loue:
Quant en mon temps le roy des roys Fut de la vierge enfante
Et deſliure de ſon coſte Dont le monde fut reſiouy
Donneur ay tous autres paſſe Quãt en mon temps iheſus naſqui.

¶ Nombre des iours de chaſcun moys

Auril Juing et auſſi ſeptembre Ont. xxx. iours auec nouembre
Sept en ont chaſcũ plꝰ vng iour feurier. ii. mois ceſt ſon droit cours

¶ Les quatre ſaiſons de lan et leurs cõmãcemens

Quatre ſaiſons tu as en lan. La premiere ceſt le printemps
Doulx: et apres le temps deſte. Antom tiers a biens a plante
Mais quatrieſme eſt le temps dyuers A poures gens fier et diuers.
Quãt printemps vient. couuers de fleurs Il eſt de diuerſes couleurs
Et veult faire con..mancement A la my feurier droictement.
Et en my may commence eſte Plain de chaleur et de beaulte.
Antom en aouſt vers le milieu Commence: car ceſt ſon droit lieu
Yuers ne fault point ny ne ment Tous les ans le iour ſaint clement
Et qui veult du compoſt ſauoir Plꝰ: le kalendrier doit veoir
Ou par figures ſans tarder Verra tout quon peult demander.

Nôbre dor	i	ii	iii	iiii	v	vi	vii	viii	ix	x	xi	xii	xiii	xiiii	xv	xvi	xvii	xviii	xix
Aries	p	n	c	ð	l	ꝑ	ſ	h	ʒ	p	e	u	m	a	ꝟ	i	ꞇ	q	f
Aries	ʒ	o	ð	u	m	a	ꝟ	i	ꞇ	q	f	p	n	ð	t	h	ꝑ	ꞇ	g
Aries	ꞇ	p	e	ꝑ	n	ð	t	h	ꝑ	ꞇ	g	p	o	c	u	l	a	ſ	gh
Taurus	ꝑ	q	f	ꝑ	o	c	ð	l	a	ſ	h	ʒ	p	ð	ð	m	ꝟ	ꝟ	i
Taurus	a	ꞇ	g	ʒ	ꝑ	ð	u	m	ꝟ	ꝟ	i	ꞇ	q	f	ꝑ	n	c	t	h
Gemini	ꝟ	ꝟ	h	ꞇ	q	e	ꝑ	n	c	t	h	ꝑ	ꞇ	f	ꝑ	o	ð	ð	l
Gemini	c	ſ	i	ꝑ	ꞇ	f	ꝑ	o	ð	ð	l	a	ſ	g	ʒ	p	e	u	m
Cancer	ð	t	h	a	ſ	g	ʒ	p	e	u	m	ꝟ	ꝟ	h	ꞇ	q	f	ꝟ	n
Cancer	e	ð	l	ꝟ	ꝟ	h	ꞇ	q	f	ꝟ	n	c	t	i	ꝑ	ꞇ	g	ꝟ	p
Leo	f	u	m	c	t	i	ꝑ	ꞇ	g	ꝟ	o	ð	ð	h	a	ſ	h	ʒ	ꞇ
Leo	g	ꝟ	n	ð	ð	h	a	ſ	h	ʒ	p	e	u	l	ꝟ	ꝟ	i	ꞇ	q
Leo	h	ꝟ	o	e	u	l	ꝟ	ꝟ	i	ꞇ	q	f	ꝑ	m	c	t	h	ꝑ	ꞇ
Virgo	i	ʒ	p	f	ꝑ	m	c	t	h	ꝑ	ꞇ	g	ꝑ	n	ð	u	l	ꝟ	a
Virgo	h	ꞇ	q	g	ꝑ	n	ð	ð	l	a	ſ	h	ʒ	o	e	ð	m	ꝟ	ꝟ
Libra	l	ꝑ	ꞇ	h	ʒ	o	e	u	m	ꝟ	ꝟ	i	ꞇ	p	f	ꝑ	n	c	t
Libra	m	a	ſ	i	ꞇ	p	f	ꝟ	n	c	t	h	ꝑ	q	g	ꝟ	o	ð	ð
Scorpio	n	ꝟ	ꝟ	h	ꝑ	q	g	ꝟ	o	ð	ð	l	a	ꞇ	h	ʒ	p	e	u
Scorpio	o	c	t	l	a	ꞇ	h	ʒ	p	e	u	m	ꝟ	ꝟ	i	ꞇ	q	f	ꝟ
Sagita.	p	ð	ð	m	ꝟ	ſ	ꝑ	ꞇ	q	f	ꝟ	n	c	ꝟ	h	ꝑ	ꞇ	g	ꝟ
Sagita.	q	e	u	n	c	ꝟ	ꝑ	ꞇ	g	ꝟ	o	ð	t	l	a	ſ	h	ʒ
Sagita.	r	f	ꝟ	o	ð	t	l	a	ſ	h	ʒ	p	e	ð	m	ꝟ	ꝟ	i	ꞇ
Capicor.	ſ	g	ꝟ	p	e	ð	m	ꝟ	ꝟ	i	ꞇ	q	f	u	n	c	t	h	ꝑ
Capicor.	ꝟ	h	ʒ	q	f	u	n	c	t	h	ꝑ	ꞇ	g	ꝟ	o	ð	ð	l
Aquarius	t	i	ꞇ	ꞇ	g	ꝟ	o	ð	ð	l	a	ſ	h	ꝑ	p	e	u	m	ꝟ
Aquarius	ð	h	ꝑ	ſ	h	ꝟ	p	e	u	m	ꝟ	ꝟ	i	ʒ	q	f	ꝟ	n	c
Pisces	u	l	a	ꝟ	i	ʒ	q	f	ꝟ	n	c	t	h	ꞇ	ꞇ	g	ꝟ	o	ð
Pisces	ꝟ	m	ꝟ	t	h	ꞇ	ꞇ	g	ꝟ	o	ð	ð	l	ꝑ	ſ	h	ʒ	p	e
Pisces	p	n	c	ð	l	ꝑ	ſ	h	ʒ	p	e	u	m	a	ꝟ	i	ꞇ	q	f

¶ Par la figure cy deſſus on cognoiſt en quel ſigne la lune eſt chaſał iour. et eſt
declaracion des lectres dun abc qui ſont ou kalendrier Vers la fin des ſignes et
ſont nômees lres des ſignes. pour quoy ſoit premier notee la lectre du kalendrier
ſus le iour quon Veult ſauoir. apres ſoit trouuee icelle lectre en la figure cy deſſus
en ſa ligne deſcédât bas ſoubz le nôbre dor qui court. Puis on regarde en teſte des
ſignes ou ſont eſcrips ſes noms des ſignes. et celluy qui regarde du trauers de la

figure droictement ladicte lectre ceſt celluy ou quel la lune eſt celluy
iour. Et ainſi cõme ung nõbre dor ſeul ſert pour ung an auſſi ſert la
ligne ſeule deſſoubz celluy nombre pour le meſme an comme lan de ce
kaſendrier nous auõs ꝓ vi pour nõbre dor la ligne ſoubz ꝓ vi ſeruira
tout ſedit an. et quãt nous aurons ꝓ vii la ligne ſoubz ꝓ vii ſeruira
lan de ꝓ vii pour nombre dor: et ainſi des autres.

Et ceſuy ſignis preſurgens eſt duodenis
Sic hominis corpus aſſimilatur eis
Nam caput et facies Aries ſibi gaudet habere
Gutturis et colli ius tibi Taure detur
Brachia cũ manibus Geminis ſunt apta deceter
Naturam Cancri pectoris aufa gerit
At Leo vult ſtomacũ renes ſibi vendicat idem
Sed inteſtinis virgo preeſſe petit
Ambas Libra nates: ambas ſibi vedicat hancas
Scorpio vult anum vultqʒ pudenda ſibi
Inde Sagitarius in copis vult dominari
Amborum genuum tim Capricornus habet
Regnat in Aquario cruriũ vis apta decenter
Piſcibus eſt demum congrua planta pedum

Saturnus niger Jupiter viridis Mars
rubeus eſt Sol croceus venus albus Mer
curius Luna varii ſunt. et dum quiſquis
regnat: naſcitur puer ſic coloratus.
        ⁌ Declaracion du latin cy deſſus.
⁌ Ceſt a dire que ſes douze ſignes dominient le corps de lõme diuiſe
par douze parties comme eſt par iceulp ſignes diuiſe le firmament et
chaſcun ſigne regarde ⁊ gouuerne ſa partie du corps ainſi quil eſt dit
cy deſſus et apres ſera monſtre par figure et declaire plus amplement.

⁌ Pareillemẽt des planetes eſt dit de leurs couleurs. mais de leurs
natures et proprietes et des parties du corps quelles gouuernent ou
regardent plus au plain ſera dit apres auſſi.

Januier

Je me faiz ianuier appeller Le plus froit de toute lannee
Mais si me puis ie bien Vanter Que ma saison fut approuuee
La foy de dieu p̄ fut ordonnee Car en mon temps fut arconsis
Jhesus: et si fut demonstree Aux trois roys lestoille de puis

¶ Januier

In iano claris calidiſq̃ cibis potiaris
Atq̃ decens potus poſt fercula ſit tibi notus
Ledit enim medo tunc potatus Vt bene credo
Balnea tuáus intres et Venam ſindere cures.

Mil. S. c. et. vii.

			A				Circoũſion nr̃ ſeignr̃	a
Viii	iiii	ix	B	Viii	iii	pVii	s. machaire abbe	b
pVi	V	Vii	c				s. geneuie ſue Vierge	c
			d	pVi	iiii	pi	s. aſſroſe	d
V	o	ii	e	V	Vii	pVii	s. ſymeon confeſſeur	e
			f				Epiphanie ſes roys	f
piiii	iii	pVi	g	Viii	Vi	Vi	s. ſudan martir	g
			A	ii	ix	pViii	s. ſeuerin confeſſeur	h
ii	i	pppVii	B				s. iullian martir	i
V	iv	iiii	c	V	Viii	pVi	s. guillaume pfeſſeur	h
pViii	Vi	piii	d	pViii	iiii	pVi	s. ſabine confeſſeur	f
			e				s. ſatir martir	m
Vii	Viii	Vi	f	Vii	o	pppV	s. hylaire confeſſeur	n
			g				s. felix confeſſeur	o
pV	V	pppViiii	A	pV	i	Viii	s. mor confeſſeur	p
			B	iiii	Viii	ii	s. marcel pape	q
iiii	o	pppix	c				s. anthoine cõfeſſeur	r
Vii	pi	pii	d	Vii	o	pVi	s. puſce Vierge	ſ
i	iv	Vii	e				s. pondian martir	s
ix	V	pi	f	i		pVii	s. ſebaſtian martir	t
			g	ix	V	ſi	s. agnes Vierge	u
pVii	o	pppViii	A	pVii	ii	Viii	s. Vincent martir	u
			B	Vi	iiii	piii	s. machaire martir	x
Vi	Vi	pppV	c				s. babile martir	y
			d				Couerſion ſaint pol	z
pViii	ii	ppVii	e	piiii	i	ppix	s. policarpe martir	ɔ
			f	iii	Vi	pIV	s. iullian eueſq̃ dumã	a
iiii	ii	pppi	g				s. charlemaigne	b
pi	pi	pp	A	pi	Viii	pppV	s. ſauinian martir	c
pix	Vi	pppV	B	pix	Vi	ppVIII	s. aldegonde Vierge	d
			c				s. mestran martir	∂

¶ Januier a pppi iours. Et la lune ppp.

B i

¶ feurier
Nascitur occulta febris februario multa
potibus et escis si caute viuere velis
Tunc caue frigora de pollice funde cruorem
Suge mellis fauu pectoris q̃ morbos curabit

Mil.v.c.et.xii.

viiii	o	pl̃i	d	viii	l	pl̃vi	Saincte bride vge	e
pvi	o	vi	e	pvi	viii	vvvi	purificaciõ nr̃e dame	f
			f				s.blaise martir	g
v	vi	vvvviii	g	v	ii	vvv	s.auentin cõfesseur	h
			A	viii	p	vvvvi	s.agathe vierge	i
piii	iii	lviii					s.dorothee vierge	k
ii	o	iiii	c	ii	p	lv	s.pelage martir	l
v	vi	lix	d		vii	kiiii	s.salomon martir	m
			e				s.appoline vierge	n
pviii ix	ix	ii	f	pviii iiii		iii	s.scolastique vierge	o
			g	vii	i	kiiii	s.didier euesque	p
vii	i	pvi	A				s.eulalie vierge	q
			b	pv	vii	vvvv	s.lucin euesque	r
pv	pi	pv	c				s.valentin martir	s
iiii	pvii	kl	d	iiii	ii	pvvi	s.craton martir	s
pii	o	pppviii	e				s.onesin martir	t
i	vii	pli	f	pii	o	ppppiii	s.siluin euesque	v
			g	i	viii	ppppix	s.symeon martir	u
ix	iiii	pli	A	ix	pv	pppi	s.gabin martir	v
			b	pvii	iiii	lix	s.eleuthere euesque	p
pvii	vi	pvi	c				Septãteneuf martirs	z
			d	vi	viii	lviii	Chayere sainct pierre	2
vi	i	p	e				s.policarpe cõfesseur	9
			f	piiii	vii	i	S.mathias apostre	a
			g				s.victorin et ses cõpõs	b
piiii	iiii	pii	A	iiii	ix	plviii	s.nestor martir	c
iii	i	plii	b	pi	viii	kii	s.iulian martir	d
pi	o	ix	c				s.roman abbe	e

¶ feurier a pp viii iours. Et la lune ppix.

¶ Nota les nõbres dor monstrent les iours heures z minutes des
nouuelles lunes. Les nõbres rouges pour deuãt midi. et les noires
pour apres midi du iour mesme sus quoy sont lesditz nombres.

Martius humores gignit varioſqz dolores
Sume cibum pure coctura ſi placet vre
Balnea ſunt ſana ſed que ſuperflua vana
Vena nec abdenda nec potio ſit tribuenda.

Mil.v.c.et.pii.

viii	viii	ppp vii	d	vix	iai	iiii	s.albin confeſſeur	f
			e	viii	o	l	Pluſieurs martirs	g
			f	pv	i	pl vi	s.marin martir	h
pvi	vi	p	g				s.gap martir	i
v	p	lvii	A v	viii	ppvix		s.euſebe martir	h
			b				s.iulian eueſque	h
piii	ii	pp	c viii	o	pii		s.thomas daquin	f
ii	ix	vix	d ii	ix	lvi		s.arian martir	m
			e				Quarante martirs	n
p	iiii	pl viii	f p	v	pp		s.gorgon martir	o
pviii	o	pvi	g e viii	ii	pl vi		s.constantin pfeſſeur	p
			A				S.gregoire pape	q
vii	vi	pl vi	b vii	v	i		Saincte euſtaſe	r
			c				s.pierre le martir	s
pv	ii	pii	d pv	i	pppiiii		s.longin martir	s
iiii	i	lvii	e iiii	p viii	pppii		s.patrice pfeſſeur	t
pii	ix	ppp v	f pii	p	pppii		Saincte geltrude	v
i	v	lii	A i	v	ppp		s.alexandre pfeſſeur	v
ix	v	vii	b ix	o	liiii		s.iehan confeſſeur	p
			c				s.vulfran confeſſeur	p
							S.benoiſt abbe	z
pvii	pi	plv	d pvii	viii	iiii		s.affrodiſe pfeſſeur	a
			e				s.theodore preſtte	a
vi	vi	iiii	f vi	i	lvii		s.agapite martir	a
			g				Annunc adõ nre dame	b
piiii	iii	vi	A viiii	ix	pl vii		s.montan martir	c
iiii	v	pl viii	b iii	ix	plix		s.iehan hermite	d
pi	v	ppp vii	c				s.gontran roy	e
pix	vii	plix	d pi	v	ppp vi		s.euſtace abbe	f
			e pix	i	plv		s.regule confeſſeur	f
viii	o	pv	f viii	o	pl		s.baſbine vierge	h

Mars a ppvi iours.Et la lune ppp.

¶ Auril

Hoc probat in vere vires aprilis habere
Cuncta renascuntur pori tunc aperiuntur
In quo scalpescat corpus sanguis quoqz crescit
Ergo soluatur venter cruorqz minuatur.

Mil. v. c. et. vii.

pvi	p	ii	g A H	pvi	vi	psvii	s. theodore	i
			B				s. marie egyppcienne	h
							s. pancras	f
v	o	pp	c	v	i	piiii	S. ambroise	m
piii	p	si	d	piii	p	kv	s. herene	n
			e				s. sipte martir	o
ii	p	ksiii	f	ii	vi	psip	s. eusippe	p
p	ii	sip	g	p	i	psii	s. perpetu euesque	q
			A				Sept vges martires	r
psiii	iiii	psii	B	psiii iiii	psip	piiii	s. ezechiel prophete	s
				sii	sii	pip	s. spon pape	t
sii	pi	pppi	d				s. zenon euesque	v
ps	ii	pii	e				s. carpe euesque	u
iiii	pi	pppii	f	ps	v	p	s. tiburce martir	p
			g A H	iiii	sii	psvi	s. olimpe martir	z
pii	vi	ppliii		pii	vi	psv	s. caliste martir	a
i	iiii	ppsi	B	i	i	psvi	s. helye prestre	b
			c	ip	pi	ppp	s. appolin martir	c
ip	vi	ppv	d				s. vincent martir	d
			e	psii	pi	ppii	s. victor pape	e
psii	iii	liii	f				s. symeon martir	f
			g A H	vi	vi	sii	Saincte oportune	g
vi	viii	ppp					S. george martir	
piiii	pi	pppip	B	piiii ip	pppvi		s. alexandre martir	e
iii	psiii	pppii	c	iii	p	pi	S. marc euangeliste	f
			d				s. marcelin martir	g
pi	ii	o	e	pi	ii	ppp	s. anastase pape	h
pip	ip	liiii	f	pip	pi	si	s. posion martir	i
							s. pierre se martir	h
siii	iii	ksi	g A H	siii	ii	ppii	s. eutrope martir	f

¶ Auril a ppp iours. Et la lune ppip.

Mayo feure façati fit tibi cure
Scindatur vena fed balnea dentur amena
Cū calidis rebus fint fercula feu fpedebus
Potibus aftricta fit faluia cum benedicta

Mil.v.c.et.vii.

							Saints	
viii	iiii						S.iaques.s.philippe	m
pri	pi	xviiii	c	xvi	viii	xxxv	s.athanase cõfeffeur	n
v	ix	xi	d	v	iiii	xxvii	Inuecion faicte croix	o
			e				s.quiriace euefque	p
xiii	vi	xxiiii	f	viii	vi	xx	s.hylaire euefque	q
ii	ii	xvi	g	ii	ii	xxiiii	S.iehan apoftre	r
			H	x	ix	xxx	s.dōniaife	s
x	i	xvii	b				s.victeur martir	t
			c	xviii	iiii	xii	S.nicholas euefque	v
xviii	viii	xxi	d				s.maturin cõfeffeur	u
vii	xiiii	xxiiii	e	vii	x	xxx	s.mamer confeffeur	v
xv	xi	xxix	f				s.pancras martir	x
			g	xv	vi	xii	s.feruais confeffeur	y
iiii	vii	viii	H	iiii	xviii	ix	s.ponce martir	z
xii	iii	xxxiiii	b	xii	i	xxii	s.yfidore martir	a
			c		ix	xix	s.pelerin martir	b
i	iiii	xi	d				s.aquilin martir	c
ix	viii	xxiii	e	ix	viii	l	s.felix martir	d
			f				s.pue confeffeur	e
			g	xvii	ii	xvi	s.bafille vierge	f
xvii	vii	ii	H				s.fecundin martir	g
vi	viii	xx	b	vi	ix	ix	s.helene vierge	h
			c				s.dedier euefque	i
xiiii	vi	xvvii	d	xiiii	vi	l	s.iohanne	k
iii	i	xiix	e	iii	ii	xl	Marie iacob et falome	i
xi	v	xviiii	f	xi	v	xliiii	s.quadrat euefque	h
xix	vii	xxi	g				s.radulphe martir	l
			H	xix	v	liiii	s.germain euefque	m
viii	vii	iii	b				s.maximin euefque	n
			c	viii	ii	iiii	s.hubert	o
xvi	ix	xxv	d	xvi	o	xli	s.petronille	p

℄ May a xxxi iours. Et la lune xxx.

In iunio gentes perturbat medo bibentes
Atqz nouellarum fuge pot us ceruisiarum
Ne noceat colera Valet hec refectio Vera
Lactuce frondes ede/ieiunus bibe fontes.

Mil.b.c.et.vii.

			e				s.pamphile martir	q
b	vii	b	f	b	iii	piiii	s.marcellin martir	r
piii	i	liiii	g	piii	ii	pbiii	s.liphard prestre	
ii	pii	ii	A	ii	ip	pb	s.quirin martir	
			B				s.boniface martir	s
p	i	pliiii	c	p	fb	lb	s.claude confesseur	
			d				s.paul euesque	b
pbiii	pi	b	e	pbiii	bi	plb	s.medard confesseur	u
			f				s.felician martir	p
bii	iii	pliii	g	bii	i	ppbi	s.basilide martir	p
pb	bi	lip	A	pb	pbii	ip	s.barnabe apostre	z
iiii	i	plip	B	iiii	ppbi	ppbii	s.nazare martir	C
			c	pii	ip	piiii	s.felicule martir	?
pii	i	l	d				s.aignen confesseur	a
i	iiii	lbii	e	i	bii	iii	s.modeste martir	B
			f	ip	biii	ppiiii	s.ferrue.s.ferieu	c
ip	p	li	g				s.auit confesseur	d
			A				s.marine vierge	e
pbii	bi	pii	b	pbii	b	pppi	s.geruais.s.prothais	f
			c	bi	p	pbiiii	s.nouat	g
bi	b	fiii	d				s.quiriace	h
piiii	i	ppbiii	e	piiii	ii	ppb	s.paulin confesseur	i
iii	ip	pppbi	f	iii	ip	pbiii	s.iehan martir	h
pi	biii	pppb	g				s.iehan baptiste	f
			A	pi	biii	plii	s.esop confesseur	m
pip	iii	bii	b	pip	pi	ppbiii	s.maxence confesseur	n
			c				s.simphorieuse	o
biii	ip	ppi	d	biii	b	pb	s.hyrene martir	p
			e				s.pierre.s.paul	q
pbi	bi	pii	f	pbi	i	li	s.mardal euesque	r

¶ Juing a ppp iours. Et la lune ppip.

C Juillet.

Qui vult solamen Julio hic probat medicamen
Venam non scindat nec ventrem potio sedat
Somnu cupiscat et balnea cuncta pauescat
Prodest recens unda allium cum saluia munda.

Mil.v.c.pii.

b	ii	ip		g	b	i	b	Sainct thibault
ptiii	p	pplp	A	piii	biii	lbii	Visitacio nr̃e Dame
			b				s.gregoire martir
ii	p	lip	c	ii	iiii	liiii	s.martin cõfesseur
p			d	p	iii	pppip	s.domice martir
p	iii	bi	e				s.psaye prophete
			f				s.simphorian mar.
pbiii	o	plbiii	g	pbiii	ip	pppi	s.ciliare martir
bii	pb	bii	A	bii	iii	lii	s.zenon martir
pb	i	plb	b				s.rufine bierge
iiii	biii	plbi	c	pb	i	plbi	s.benoist abbe
			d	iiii	ip	ppppip	s.nason
pii	i	ii	e	pii	b	ppp p	s.turian euesque
			f	i	b	l	s.foce euesque
l	bii	b	g				Diuisio ses apostres
			A	ip	ip	pii	s.hylaire martir
ip	i	plip	b				s.sperat ꝛ ses cõpa.
			c	pbii	bii	ppip	s.arnoul martir
pbii	iiii	pliiii	d				s.arseni confesseur
bi	ii	p	e	bi	p	pi	s.marguerite
piiii	biii	lbii	f	piiii	ip	ppii	s.prayede
							La magdalene
iii	bii	o	A	iii	iiii	pip	s.appollinaire
pi	biii	pl	b	pi	o	lbii	s.cristine martire
			c				s.iaques.s.phõfe
pip	bi	iii	d	pip	i	plb	Saincte anne
biii	p	pliiii	e				transfiguracõ nr̃e ei
			f	biii	biii	ppiiii	s.panthaleon mar.
pbi	ii	pii	g	pbi	pi	lip	s.feu confesseur
b	ip	bi	A	b	ip	plii	s.maxime bierge
			b				s.germain euesque

C Juillet a pppi iours. Et la lune ppp.   b iiii

Quisqz sub augusto viuat medicamle iusto
Raro dormitet estum coitum quoqz vitet
Balnea non curet nec multu comestio duret
Nemo laxari debet vel fleubotomari.

Mil.v.c.vii.

viii	ix	o	c	xiii	iiii	xxx	S.pierre apostre	u
			d	ii	ii	vvii	s.estienne pape	x
ii	v	v	e	v	iii	xxx	s.estienne martir	y
v	vi	ii	f				s.tertulin martir	z
			g				s.dominique pfesseur	a
vviixiii	xxx	A	p.viii o		pxv		s.pasteur martir	2
vii	xxiiii	pvii	b				s.donat martir	a
pv	viii	lvii	c	vii	v	pxiii	s.seuere confesseur	b
			d	pv	ix	liii	s.roman martir	c
iiii	v	.v	e	iiii	pvi	li	S.laurent martir	d
			f	vii	iiii	pi	s.susanne vierge	e
vii	liiii	il					s.machaire.s.iulian	f
l	v	xxxvii	g		vi	lix	s.ypolite martir	g
			b	ix	vii	plviii	s.eusebe cofesseur	h
ix	iii	lvi	c				Assupaon ntd dame	i
			d				s.arnoul euesque	k
pviiii	pi		e	pvii	viii	pliii	s.mamer martir	l
vi	v	viii	f	vi	viii	lii	s.helene	m
			g				s.iule martir	n
pviii	vi	pvii	A	piiii	iiii	pliv	e.bernard	o
li	vi	li	b	iii	o	plvii	s.priue martir	p
			c				s.simphorian martir	q
pi	iii	pvii	d	pi	v	ii	s.eleazar martir	r
pix	viii	l	e				s.barthelemp apostre	s
			f	xix	v	pii	s.loys roy	t
viii	pi	pvi	g	viii	v	lix	s.zepherin pape	u
pvi	ix	lviii	A	pvi	ix	lix	s.cesare euesque	x
			b				s.augustin pfesseur	y
v	v	iii	c	v	v	lvii	Decollaon s.iehan	u
viii	v	pi	d	piiii	i	lix	s.fiacre confesseur	x
			e				s.paulin euesque	y

¶ Aoust a xxxi iours. Et la lune xxix.

¶ Septembre

Fructus maturi septembris sunt valituri
Et pira cum vino panis cum lacte caprino
Aqua de Vrtica tibi potio fertur amica
Tunc venam pandas spedes cum semine mandas.

Mil.v.c.et.vii.

ii	iii	xxvii	f	ii	ii	viii	s. leu. s. gille
v	v	xv	g	v	vi	v	s. iuste confesseur
			A				s. godegran martir
			B				s. marcel martir
xviii	i	xviii	c	xviii	iiii	vii	s. victorin martir
vii	v	xvvi	d	vii	vi	l	s. zacharie prophete
xv	v	xv	e				s. iehan martir
iiii	iii	xiiv	f	xv	vi	xxvi	Natiuite nostre dame
			g	iiii	i	v	s. queran abbe
vii	viii	xvii	A	vii	v	xxxvi	s. hylaire pape
i	iii	v	B	i	v	xviii	s. prothe. s. iacin
			c				s. cir confesseur
			d	ix	v	xxxii	s. philippe euesque
			e				Exaltacion scte croix
xvii	vi	xvii	f	xvii	ix	vii	s. valerian martir
			g				s. eufemie vierge
vi	vi	xv	A	vi	vi	iii	s. lambert euesque
xiiii	vi	xviii	B	xiiii	i	xviii	s. ferreu martir
			c				s. ianuier martir
iii	ix	xxviiii	d	iii	vi	xxxix	s. euloge martir
xi	vii	xxxix	e				S. mathieu apostre
			f	xi	iii	xvi	s. maurice martir
xix	xi	viii	g	xix	v	xxix	s. tecle vierge
viii	v	lvi	A				s. solemne euesque
			B	viii	iii	xxix	s. fremin euesque
xvi	vi	xxxviii	c	xvi	vii	xxxviii	s. cyprian martir
v	ii	iiii	d	v	ii	xxxiiii	s. cosme et damian
			e				s. eupere cõfesseur
viii	ii	v	f	xii	ii	ix	S. michel de gargan
			g	ii	v	ix	s. hierome

¶ Septembre a xxx iours. Et la lune xxx.

¶ Octobre

Octobet Vina prebet cum carne ferina
Necnon aucina caro valet et volucrina
Quãuis sint sana tamẽ est repletio vana
Quãtũ vis comede seð nõ precoidia lede.

Mil.v.c.vii.

ii	viii	fii	A	r		pi	viii	s.remy confesseur	a
			b					s.leger martit	b
p	iii	pv	c					s.denis martir	c
pviii	o	pip	d	pviii	vii	i	s.frãcops cõfesseur	d
vii	pp	iiii	e				s.germain cõfesseur	e
pv	iiii	pppvi	f	fii	vii	vi	s.foy vierge	f
			A	pv	iii	o	s.marc pape	g
iiii	v	ppiiii	A	iiii	pi	viii	s.spmeon cõfesseur	h
			b	pii	ip	pvii	Saint denis martir	
pii	ii	vii	c				s.victor martir	h
			d	i	iiii	ppvii	s.nichase cõfesseur	f
i	vii	pvi	e				s.eustace prestre	m
ip	v	i	f	ip	v	fvi	s.venan abbe	n
							s.calipte martir	
pvii	viii	pppii	A	pvii	viii	pfi	cinquãte sains.m.	p
vi	iii	pliiii	b	vi	iiii	pppv	deup cens.fpp.m.	q
			c	piiii	o	fiii	s.florentin euesque	r
piiii	ip	ppiii	d				S.luc euangeliste	
			e	fii	i	ppvi	s.sauiniã z poteãã	s
iii	ii	IV	f				s.caprase martir	t
pi	ip	fi	A	pi	v	pppvi	pi.mille vierges	v
pip	o	pppi	A				Saincte salome	u
			b	pip	iii	pppvii	s.theodorique mar.	p
viii	ip	fiii	c	viii	pviii	piiii	s.magloie cfesseur	p
pvi	iiii	fii	d	pvi	v	p	s.crispin z crispiniã	z
			e	v	o	pvii	s.rustique euesque	z
v	iii	pvii	f				s.florence martir	
			A	piiii	v	pp	S.spmon.s.iude	a
piiii	viii	ppi	A				s.narcis euesque	b
			b				s.lucan martir	c
li	iii	viii	c	ii	v	pfv	s.quentin martir	d

¶ Octobre a pppi iours. Et la lune ppip.

¶ Nouembꝛe

Hoc tibi ſaire datur ꝙ reuma nouembꝛe curatur
Dueq̃ nociua Vita tua ſint pꝛedoſa dicta
Balnea cũ Venere tunc nullum conſtat Habere.
Potio ſit ſana Valde atꝗ minutio bona.

Mil.V.c.et.ꝟii.

e	Vii	p̃Vii	d	ꝟ	V	ꝟli	feſte de tous ſains	c
			e				Le iour auy mois	f
eViii	ꝟ	p̃Vii	f	ꝟViii	Viii	ꝟii	Innumerables mar.	g
Vii	V	p̃iiii	g	Vii	Vi	ꝟꝟViii	s.cher martir	H
ꝟV	Vi	ꝟꝟi	A	ꝟV			s.zacharie pꝛophete	i
iiii	iꝟ	ꝓ	b	ꝟV	i	ꝓꝓiiii	feſte de diꝟ martirs	ꝼ
			c	iiii	ꝟi	ꝓꝓVi	s.Vuellebꝛod ꝯfeſſeur	l
			d	ꝟii	iiii	ꝟV	Les quatre coꝛonnes	m
ꝟii	Viii	Vii	e				s.Vꝛſin confeſſeur	n
i	ꝟi	ꝓꝟV	f	i	ꝟi	V	s.martin pape	o
			g				S.martin de tours	p
iꝟ	V	ſiꝟ	A	iꝟ	iii	louii	s.leon confeſſeur	q
eVii	Vi	ꝓꝓꝟi	b	ꝟVii	Vii	ꝟꝓViii	s.Bꝛice confeſſeur	r
			c				s.ſerapion martir	ſ
Vi	iii	ii	d	Vi	ii	ꝓꝓiꝟ	s.macut confeſſeur	t
			e	ꝟiiii	ii	ꝓꝓꝓiꝟ	s.eleuthere ꝯfeſſeur	u
ꝟiiii	iiii	iii	f				s.aignen confeſſeur	y
iii	iꝟ	ſꝟi	g	iii	Vi	ii	s.roman martir	z
			A				s.maꝟime martir	u
ꝟi	ii	ꝓꝓVii	b	ꝟi	iiii	ꝟiiii	s.potencian martir	o
ꝟiꝟ	o	ꝓꝓꝓVii	c				s.columban aBBe	p
Viii	Viii	ꝓꝟii	d	ꝟiꝟ	Vii	ꝓꝟVi	s.ceaſe Vierge	ꝝ
			e	Viii	Vii	ꝓꝓꝓV	s.clement pape	ꝭ
eVi	V	piii	f	ꝟVi	iii	ꝟVi	s.gꝛiſogon martir	s
V	Vi	p̃iiii	g	V	ꝟi	ꝓꝓꝟii	S.katherine Vierge	a
			A				Geneuieſue ⁊ marcel	B
			b	piii	ꝟl	Vi	s.maꝟime ꝯfeſſeur	c
ꝟiii	iii	ꝓꝓi					s.ſoſtenes	
li	Viii	lii	d	ii	V	liiii	s.ſaturni martir	
ꝟ	ꝟ	liiii	e	ꝟ	o	ꝓꝓi	S.andꝛe apoſtre	f

¶ Nouembꝛe a ꝓꝓ iours.Et la lune ꝓꝓiꝟ.

❡ Decembre

Sane sunt membris calide res mense decembris
frigus ditetur capitalis bena findatur
Lotio sit dana sed basis potatio plena
Sit tepidus potus frigori contrarie totus.

Mil. d. c. et. pii.

p	p	id	f	p	o	ppi	s. eloy confesseur	g
p 2 iiii	diiii	fdi	g	p diiiip	pdi	s. biuiane martir	h
dii	pdi	pd	A			s. cassian martir	i
pd	p	pfd	b	dii	d	iii	S. barbe martire	h
			c	pd	i	pliii	s. crispine martir	l
iiii	iiii	ppptiiii	d				S. nicolas confesseur	m
			e	tiii	ii	ppp di	s. fare bierge	n
			f	pii	pi	pppiiii	Concepcion nre dame	o
pii	o	fdi	g				s. cyprian abbe	p
i	i	ppdiii	A	i	d	di	s. eufalie bierge	q
ip	p	pppdi	b	ip	dii	ppii	s. bictorin. s. fufcian	r
			c				s. hermogenes mar.	s
pdii	d	pfi	d	pdii	d	pfdii	s. luce bierge	
di	iiii	ppp	e	di	i	ii	s. nichaise arceuesque	t
			f				s. mapimian confesseur	d
piiii	p	pip	g	ptiii	di	fdiii	s. baletian et ses com.	u
			A				s. lazare. s. matthe	
iii	iiii	fiiii	b	iii	o	pl	s. gacian confesseur	
pi	ip	ppi	c				s. cler martir	
pip	pi	ppptiiii	d	pi	dii	ppptp	s. tholome et ses con.	
			e	pio	p	d	S. thomas apostre	
diii	di	pppi	f	diii	pio	ppii	Trente martirs	a
pdi	dii	liii	g	pdi	ii	ppiiii	bingt martirs	b
			A				pl. bierges martires	c
d	pi	pfip	b	d	o	fdii	Natiuite nreseigneur	d
			c				s. estiene prothomartir	e
piii	p	o	d	piii	di	ppii	s. iehan euangeliste	f
			e				Les innocens	g
ii	o	fiiii	f	ii	i	diii	s. thomas martir	h
			g		d	pl	s. sabin martir	i
p	o	di	A				s. feuestre pape	h

❡ Decembre a pppi iours. Et la lune ppip

☙ Expoſicion valeur et ſignificacõ des lectres de la figure tabulaire. et ſont en la ſeconde ligne apres les lectres dominicales.

☙ festes mobiles   ☙ Interualles

lres tab.	lectres dñic.	Septuagesime en Janvier	Pasqs en Mars	Roga. en Auril	Penthecouste en May	De noel a caresme prenant — Se.	iours	De pēthe. a saint iehā — Se.	iours	De pēthe. a lauent — Semaiñ.	Noel
d	b	xviii	xxii	xxvi	x	v	v	vi	iii	xxix	vēdredi
e	c	xix	xxiii	xxvii	xi	v	vi	vi	ii	xxix	ieudi
f	d	xx	xxiiii	xxviii	xii	vi		vi	i	xxix	mecredi
g	e	xxi	xxv	xxix	xiii	vi	i	vi		xxix	mardi
a	f	xxii	xxvi	xxx	xiiii	vi	ii	v	vi	xxix	lundi
b	g	xxiii	xxvii	May	xv	vi	iii	v	v	xxviii	dimāche
c	h	xxiiii	xxviii	ii	xvi	vi	iiii	v	iiii	xxviii	samedi
d	i	xxv	xxix	iii	xvii	vi	v	v	iii	xxviii	vēdredi
e	k	xxvi	xxx	iiii	xviii	vi	vi	v	ii	xxviii	ieudi
f	l	xxvii	xxxi	v	xix	vii		v	i	xxviii	mecredi
g	m	xxviii	Auril	vi	xx	vii	i	v		xxviii	mardi
a	n	xxix	ii	vii	xxi	vii	ii	iiii	vi	xxviii	lundi
b	o	xxx	iii	viii	xxii	vii	iii	iiii	v	xxvii	dimāche
c	p	xxxi	iiii	ix	xxiii	vii	iiii	iiii	iiii	xxvii	samedi
d	q	Feurier	v	x	xxiiii	vii	v	iiii	iii	xxvii	vēdredi
e	r	ii	vi	xi	xxv	vii	vi	iiii	ii	xxvii	ieudi
f	s	iii	vii	xii	xxvi	viii		iiii	i	xxvii	mecredi
g	t	iiii	viii	xiii	xxvii	viii	i	iiii		xxvii	mardi
a	v	v	ix	xiiii	xxviii	viii	ii	iii	vi	xxvii	lundi
b	A	vi	x	xv	xxix	viii	iii	iii	v	xxvi	dimāche
c	b	vii	xi	xvi	xxx	viii	iiii	iii	iiii	xxvi	samedi
d	c	viii	xii	xvii	xxxi	viii	v	iii	iii	xxvi	vēdredi
e	d	ix	xiii	xviii	Iung	viii	vi	iii	ii	xxvi	ieudi
f	e	x	xiiii	xix	ii	ix		iii	i	xxvi	mecredi
g	f	xi	xv	xx	iii	ix	i	iii		xxvi	mardi
a	g	xii	xvi	xxi	iiii	ix	ii	ii	vi	xxvi	lundi
b	h	xiii	xvii	xxii	v	ix	iii	ii	v	xxv	dimāche
c	i	xiiii	xviii	xxiii	vi	ix	iiii	ii	iiii	xxv	samedi
d	k	xv	xix	xxiiii	vii	ix	v	ii	iii	xxv	vēdredi
e	l	xvi	xx	xxv	viii	ix	vi	ii	ii	xxv	ieudi
f	m	xvii	xxi	xxvi	ix	x		ii	i	xxv	mecredi
g	n	xviii	xxii	xxvii	x	x	i	ii		xxv	mardi
a	o	xix	xxiii	xxviii	xi	x	ii	i	vi	xxv	lundi
b	p	xx	xxiiii	xxix	xii	x	iii	i	v	xxiiii	dimāche
c	q	xxi	xxv	xxx	xiii	x	iiii	i	iiii	xxiiii	samedi
d	r	xxii									

Nõbre dor	B				B				C				B			BB			
	i	ii	iii	iiii	v	vi	vii	viii	ix	x	xi	xii	xiii	xiiii	xv	xvi	xvii	xviii	xix
e	h	i	o	f	f	t	h	b	o	n	e	h	h	o	f	f	l	h
d	g	g	e	c	c	p	o	t	l	l	d	g	g	t	c	c	p	p
t	l	l	q	g	m	m	t	h	h	d	l	l	q	h	g	m	m
r	h	h	d	e	d	q	q	a	m	m	r	i	h	n	e	e	q	i
a	f	i	r	i	b	n	n	e	h	i	a	f	f	r	b	b	o	n
e	h	h	o	f	f	l	h	b	o	g	e	h	h	p	f	f	l	l
b	g	g	t	c	c	p	p	t	l	l	b	g	g	t	c	c	p	p
v	l	l	q	h	g	m	m	d	h	h	d	e	d	q	h	a	m
r	i	h	d	e	q	q	a	n	m	r	i	i	n	e	e	h	i
a	f	f	r	i	b	o	n	e	h	h	a	f	f	e	b	o	l
e	h	h	p	f	f	l	h	b	o	g	e	h	h	g	d	l	l
t	g	g	t	d	e	p	p	v	l	l	q	h	g	d	d	p	p
v	m	l	q	h	h	m	m	d	i	h	v	e	e	q	h	a	n	m
r	i	i	v	e	e	r	q	a	n	n	r	i	i	e	e	h	h
a	f	b	i	o	o	e	h	h	b	f	f	c	v	o	o	l
t	h	h	p	g	g	l	l	c	o	g	t	l	h	g	l	o	l
c	h	g	t	d	d	p	p	v	m	l	q	h	h	n	d	q	p
v	m	e	q	h	h	n	m	d	i	i	v	e	e	r	a	n	n
r	i	i	v	e	r	q	a	n	n	r	i	i	f	e	h	h
b	f	f	e	c	b	o	o	t	h	h	b	g	c	c	o	o
t	l	h	p	g	g	l	l	c	h	g	t	l	d	p	g	m	l
c	h	h	v	d	d	q	p	d	m	m	q	h	h	n	e	q	n
v	m	e	q	h	n	n	i	i	v	e	e	r	b	n	n
e	i	o	o	f	e	r	h	b	n	n	e	h	i	o	f	h	h
d	g	f	e	c	c	o	o	t	l	h	b	g	g	c	c	p	l
t	l	l	p	g	g	m	l	c	h	h	l	d	q	g	m	m
c	h	h	v	d	d	q	q	v	m	t	h	h	n	e	q	n
a	m	e	r	i	h	n	n	e	i	i	a	f	e	t	b	b	n

¶ La figure presente est pour trouuer la lectre tabulaire et procede tout comme la figure sequente des lectres dñicales. pour quoy conuient congnoistre le nõbre dor pour lan quon veult sauoir. et en la ligne qui descet en bas soubz ledit nombre est la lectre tabulaire. et pareillement de la lectre dñicale en la figure cy apres. On doibt sauoir aussi que vng nombre dor, vne lectre tabulaire, et vne lectre dominicale seruent tousiours pour vng an. fors quant est bixeste qui sont deux lectres dñicales: aussi deux tabulaires. ainsi que la figure cy deuant le monstre. fault sauoir aussi que les lectres dominicales et tabulaires sont en la premiere ligne soubz le nombre dor xvi pour lan de ce present kalendrier qui est Mil.cccc. lxxxxvii.et ainsi consequemment des autres.

¶ figure pour trouuer a tousiours le nombre dor et la sectre dominicale ensemble.

				B			c				B			bb				
i	ii	iii	iiii	v	vi	vii	viii	ix	x	xi	xii	xiii	xiiii	xv	xvi	xvii	xviii	xix
f	e	dc	b	a	g	fe	d	c	b	ag	f	e	d	cb	a	g	f	ed
c	b	a	gf	e	d	c	ba	g	f	e	dc	b	a	g	fe	d	c	b
ag	f	e	d	cb	a	g	f	ed	c	b	a	g	f	d	c	ba	g	f
e	dc	b	a	g	fe	d	c	b	ag	f	e	d	cb	a	g	f	ed	c
b	a	gf	e	d	c	ba	g	f	e	dc	b	a	g	fe	d	c	b	ag
f	e	d	cb	a	g	f	ed	c	b	a	gf	e	d	c	ba	g	f	e
dc	b	a	g	fe	d	c	b	ag	f	e	d	cb	a	g	f	ed	c	b
a	gf	e	d	c	ba	g	f	e	dc	b	a	g	fe	d	c	b	ag	f
e	d	cb	a	g	f	ed	c	b	a	gf	e	d	c	ba	g	f	e	dc
b	a	g	fe	d	c	b	ag	f	e	d	cb	a	g	f	ed	c	b	a
gf	e	d	ba	c	f	e	dc	b	a	g	fe	d	c	b	ag	f	e	dc
d	cb	a	g	f	ed	c	b	a	gf	e	d	ba	g	f	e	dc	b	a
a	g	fe	d	c	b	ag	f	e	d	cb	a	g	f	ed	c	b	a	gf
e	d	c	ba	g	f	e	dc	b	a	g	fe	d	c	b	ag	f	e	d
cb	a	g	f	ed	c	b	a	gf	e	d	c	ba	g	f	e	dc	b	a
g	fe	d	c	b	ag	f	e	d	cb	a	g	f	ed	c	b	a	gf	e
d	c	ba	g	f	e	dc	b	a	g	fe	d	c	b	ag	f	e	d	cb
a	g	f	ed	c	b	a	gf	e	d	c	ba	g	f	e	dc	b	a	g
fe	d	c	b	ag	f	e	d	cb	a	g	f	ed	c	b	a	gf	e	d
c	ba	g	f	e	dc	b	a	g	fe	d	c	b	ag	f	e	d	cb	a
g	f	ed	c	b	a	gf	e	d	c	ba	g	f	e	dc	b	a	g	fe
d	c	b	ag	f	e	d	cb	a	g	f	ed	c	C	a	gf	e	d	c
ba	g	f	e	dc	b	a	g	fe	d	c	b	ag	f	e	d	cb	a	g
f	ed	c	b	a	gf	e	d	c	ba	g	f	e	dc	b	a	g	fe	d
c	b	ag	f	e	d	cb	a	g	f	ed	c	b	a	gf	e	d	c	ba
g	f	e	dc	b	a	g	fe	d	c	b	ag	f	e	d	cb	a	g	f
ed	c	b	a	gf	e	d	c	ba	g	f	e	dc	b	a	g	fe	d	c
b	ag	f	e	d	cb	a	g	f	ed	c	b	a	gf	e	d	c	ba	g

¶ En ceste figure est a regarder le nombre dor pour lan quon veult sauoir et en la ligne droit soubz le nombre dor tousiours est la lre dnicale. c. sus le nombre dor viii. segnefie haultes pasques. et quant eschiet quilz viennent ensemble La feste dieu et sainct iehan sont en vng iour. d. sus xvi segnefie les plus basses pasques. et quant eschiet quilz viennent ensemble La chandeleur est le lundi gras. B. segnefie par tout ou il est quant eschiet auec le nombre dor sus lesqlz est La nostre dame de mars le iour du vendredi sainct. Et est le pardon a nostre dame du puys en auuergne.

i	ii	iii	iiii	v
a A ix	a M xxvi	a A xvii	a A ix	a M xxvi
b A v	b M xxvii	b A xviii	b A iiii	b M xxvii
c A xi	c M xxviii	c A xviii	c A iiii	c M xxviii
d A xii	d M xxix	d A xix	d A v	d M xxix
e A vi	e M xxx	e A xx	e A vi	e M xxiii
f A vii	f M xxxi	f A xiiii	f A vii	f M xxiiii
g A viii	g A i	g A xv	g A viii	g M xxv

vi	vii	viii	ix	x
a A xvi	a A ii	a A xxiii	a A ix	a A ii
b A xvii	b A iii	b A xxiiii	b A v	b A iii
c A xi	c A iiii	c A xv	c A xi	c M xxviii
d A xii	d A v	d A xix	d A xii	d M xxix
e A xiii	e A vi	e A xx	e A xiii	e M xxx
f A xiiii	f A xxxi	f A xxi	f A xiiii	f A xxxi
g A xv	g A i	g A xxii	g A viii	g A i

xi	xii	xiii	xiiii	xv
a a xvi	a a ix	a M xxvi	a a xvi	a a ii
b a xvii	b a v	b M xxvii	b a xvii	b a iii
c a xviii	c a xi	c M xxviii	c a xviii	c a iiii
d a xix	d a v	d M xxix	d a xix	d a v
e a xx	e a vi	e M xxx	e a xiii	e a vi
f a xxi	f a vii	f M xxxi	f a xiiii	f a vii
g a xxii	g a viii	g M xxv	g a xv	g a viii

xvi	xvii	xviii	xix	
a m xxvi	a a xvi	a A ii	a A xxiii	
b m xxvii	b a v	b A iii	b A xxiiii	
c m xxviii	c a xi	c A iiii	c A xviii	
d m xxii	d a xii	d A v	d A xix	
e m xxiii	e a xiii	e M xxx	e A xx	
f m xxiiii	f a xiiii	f M xxxi	f A xxi	
g m xxv	g a xv	g A i	g A xxii	

¶ Sus la lettre dominicale prouchaine soubz le nombre dor qui court
est le iour de pasques pour lan du nombre dor. A segnefie auril. M
segnefie mars et le nombre apres les dictes lettres est le quantiesme iour
du mois seront pasques. Lesquelles trouuez on peult facilemet sauoir
les autres festes mobiles.

M.cccc.iiiixx.vii
eclipse de lune
ianuier xv
iours vi heures
v vii minutes

M.cccc.iiiixx.vii
eclipse de souleil
iuillet xvio
ii heures
vii minutes

M.v cens
eclipse de lune
nouembre vi iours
vne heure
xli minutes

M.v cens vng
eclipse de lune
may iii iours
v heures
xx viii minutes

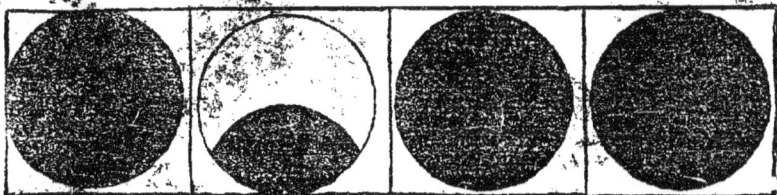

M.v cens ii
eclipse de souleil
premier doctobre
viii heures
lviii minutes

M.v cens ii
eclipse de lune
octobre xvi iours
xi heures
lviii minutes

M.v cens iiii
eclipse de lune
mars premier
iour vne heure
xiiii minutes

M.v cens v
eclipse de lune
aoust xviii iours
vii heures
lviii minutes

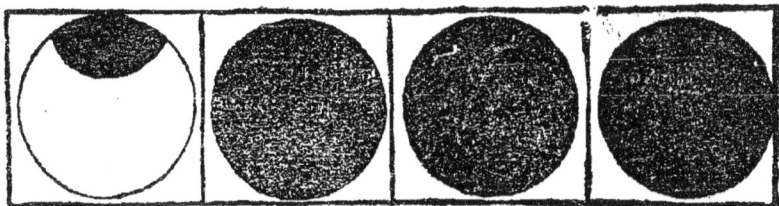

M.v cens vi
eclipse de souleil
iuillet xx iours
deux heures
dix minutes

M.v cens viii
eclipse de lune
iuing viii iours
v heures
vng minute

M.v cens ix
eclipse de lune
iuing ii iours
dix heures
l minutes

M.v cens xi
eclipse de lune
octobre vi iours
xi heures
xli minutes

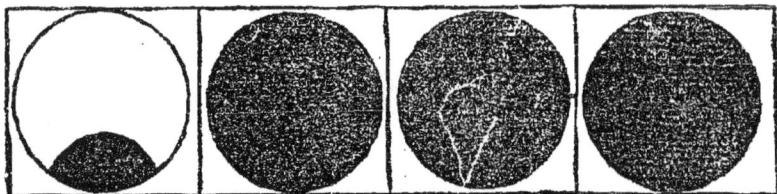

Toutes eclipses de soleil sont faictes par iour et de lune par nuit

c i

M.D cens viii
eclipse de souleil
mars vii iours
vi heures
vii minutes

M.D cens v d
eclipse de lune
iauier xxx iours
deux heures
lviii minutes

M.D cens v vi
eclipse de lune
iauier vix iours
d heures xxxix
minutes aps midi.

M.D cens v vi
eclipse de lune
iuillet viii iours
vi heures v viii
minutes

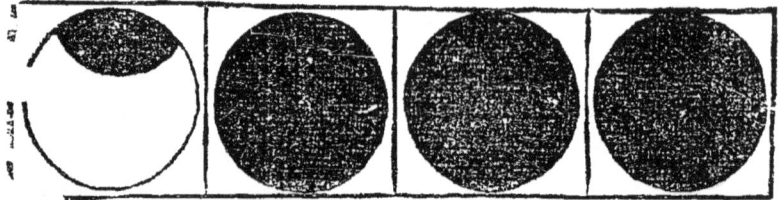

M.D cens v vi
eclipse de souleil
xxiii decembre
deux heures
xxiiii minutes

M.D cens v viii
eclipse de lune
may xxiiii iours
vi heures
vne minute

M.D cens v viii
eclipse de souleil
iuing viii iours
vi heures
xfv minutes

M.D cens vix
eclipse de lune
nouebre vi iours
vi heures
v minutes

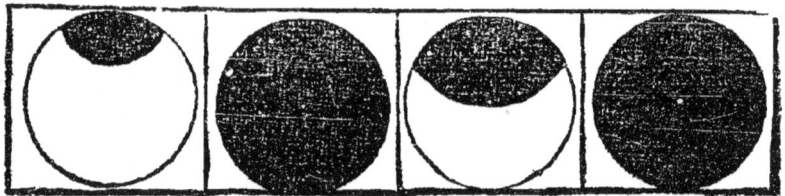

M.D cens vv
eclipse de souleil
octobre vi iours
iiii heures
vv vii minutes

M.D cens vv
eclipse de lune
octobre vv vi iours
iiii heures
vv vii minutes

M.D cens vvii
eclipse de lune
septebre v iours
vi heures
lvi minutes

M.D cens vviii
eclipse de lune
mars pmier iout
viii heures
ix minutes

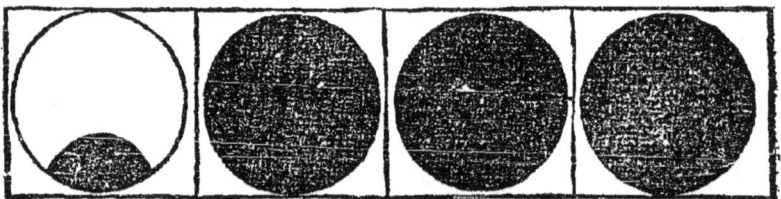

Toutes eclipses de soleil sot faictes par iour et de lune par nuit

M·V cens ppiii
eclipse de lune
aoust ppBi
ii heures
sB minutes

M·V cens pp B
eclipse de lune
iuillet iiii iours
ip heures
li minutes

M·V cens pp B
eclipse de lune
decembre ppip
ip heures
psBii minutes

M·V cens pp Bi
eclipse de lune
decembre p Biii
p heures
p minutes

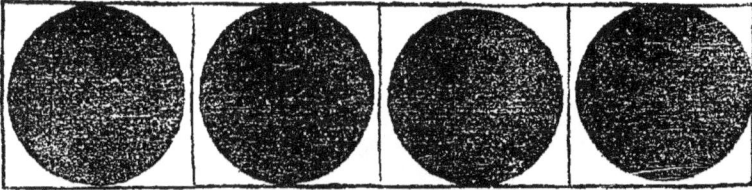

M·V cens ppp
eclipse de lune
octobre Bii
pi heures
li minutes

M·V cens pppii
eclipse de souleil
aoust ppp iours
Bii heures
sBi minutes

M·V cens pppiii
eclipse de lune
aoust iiii iours
pi heures
Bii minutes

M·V cens pppiii
eclipse de souleil
aoust pp iours
iiii heures
pp B minutes

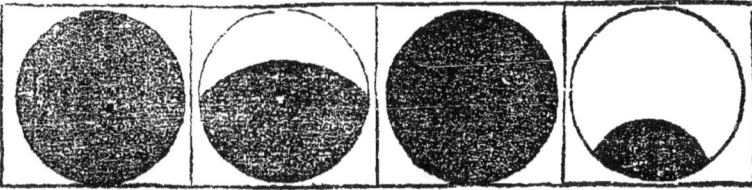

M·V cens pppiiii
eclipse de souleil
ianuier piiii
Bne heure
psi minutes

M·V cēs pppiiii
eclipse de lune
iāuier ppp iours
deup heures
pp Bii minutes

M·V cēs ppp B
eclipse de souleil
iuing p Biii iours
deup heures
iii minutes

M·V cens ppp Bi
eclipse de lune
nouembre pp Bii
Bi heures
Bi minutes

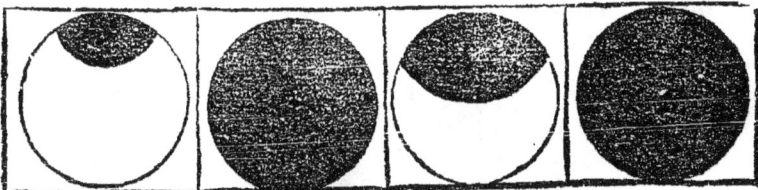

Toutes eclipses de soleil sōt faictes par iour et de lune par nuit

c ii

M.ß ccc xxx viii
eclipfe de lune
map xxiiii iours
viii heures
viii minutes

M.cc. xxx viii.
eclipfe de lune
nouembie p vii
ii heures
lii minutes

M.cc.xxx viii
eclipfe de lune
map piiii iours
ii heures
xxi minutes

M.ß cccc xxxi
eclipfe de foleil
auril p viii iours
iiii heures
xxi minutes

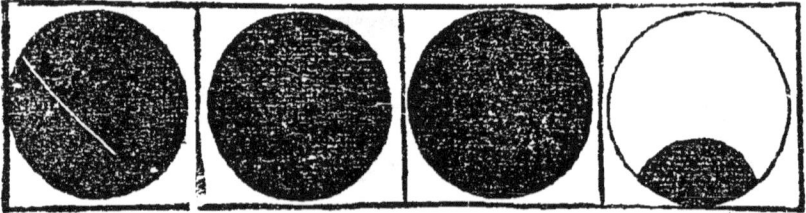

M.ß cccc xl
eclipfe de foleil
auril vi iours
ß heures
p vi minutes

M.ß cccc xli
eclipfe de lune
mars pii iours
iiii heures
pii minutes

M.ß cccc pli
eclipfe de foleil
aouft ppi iour
pli minutes

M.ß cccc plii
eclipfe de lune
mars premier
viii heures
pl minutes

M.ß cccc pliii
eclipfe de foleil
aouft pi iours
pi heures
pl viii minutes

M.ß cccc pliiii
eclipfe de lune
ianuier p iours
vi heures
viii minutes

M.ß cccc pliiii
eclipfe de foleil
ianuier ppiiii
ip heures
ip minutes

M.ß cccc pliiii
eclipfe de lune
iuillet iiii iours
viii heures
ppiii minutes

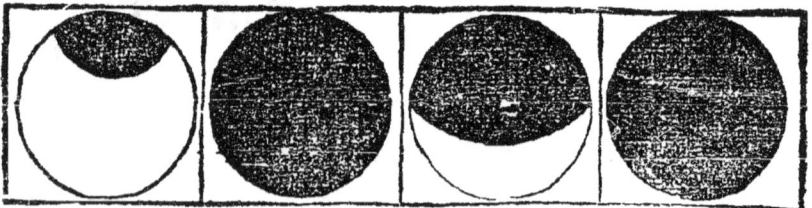

Toutes eclipfes de foleil fôt faictes par iour et de lune par nuit

eclipse de souleil
iuing ix iours
viii heures
xl minutes

eclipse de lune
may iiii iours
v heures
xviii minutes

eclipse de lune
octobre xxviii
iiii heures
xl minutes

eclipse de lune
autil xxii iours
xi heures
xlix minutes

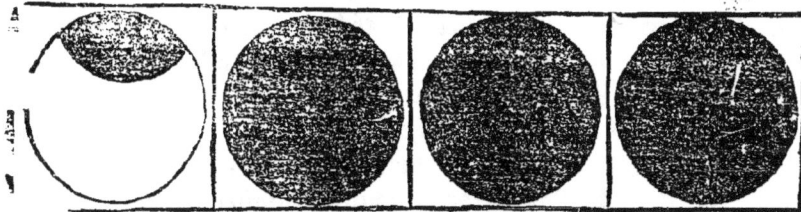

M·D cens plix
eclipse de lune
autil vii iours
ii heures
xlviii minutes

Item Dcens plix
eclipse de lune
octobre iiii iours
vii heures
xxiii minutes

M·D cens li
eclipse de souleil
iuing vi iours
xxi minutes

M·D cens lii
eclipse de lune
ianuier iiii iours
ix heures
viii minutes

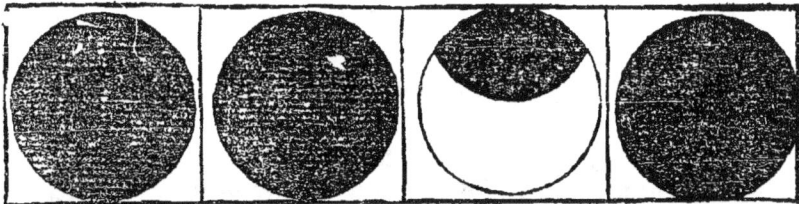

¶ Toutes eclipses de soleil sont faictes par iour et de lune par nuit. et se doit cecy entendre des eclipses du souleil et de la lune a nous apparans et lesquelles nous pouons veoir quant elles se font. car l'eclipse du souleil peult aduenir de nuit. et l'eclipse de la lune peult aduenir de iour mais tel les eclipses ne apparessent point a nous bergiers.

¶ Balade.

¶ Tost est perdu auoir mal conqueste   Tost desprise ce qui a chier couste
Tost est deceu cuider domme oultrageux   Tost est defait qui autruy veult defaire
Tost est vaincu homme peu couraigeux   ¶ Prince pour dieu ayez affection
Tost est repins qui fait desleaute   Dentretenir la iustice ordinaire.
Tost est saoulle appetit desgouste   Du autrement et par conclusion
Tost est lasse amp de plaisir faire   Du autrement aurons beaucop a faire

¶ Poctifa ianus amat

Tangere crura caue cum luna Videbit Aquosum. Infere tunc plantes:
excelfas erige turres. Et fi carpis iter tunc tardius ad loca transis.

¶ Febmius Vigeo clamat.

Pifcis habes lunam noli curare podagram. Carpe viam tutus fit potio
modo falubris. ¶ Martius arua colit.

Nil capiti noceas Aries cum luna refulget. De Vena minuas et balnea
tutius intres. Non tangas aures nec barbam radere debes.

¶ Aprilis florida prodit.

Arbor plantetur cū luna Thaurus habetur. Nō minuas. tamen edifices
nec femina fperges. Et medicus caueat cum ferro tangere collum.

¶ Ros et flos nemorum: Maio funt fomes amor.

Brachia non minuas cū fuftrat luna Gemellos. Vnguibus et manibus
cum ferro cura negetur. Nunquam porfabis a promiffore petitum.

¶ Dat iunius fena.

Pectus pulmo iecur in Cancro non minuantur. Somnia falfa Vides
Vtilis fit emptio rerum. potio fumatur fecurus perge Viator.

¶ Iulio refecatur auena.

Cor grauat et ftomachum cum cernit luna Leonem. Non facias Veftes
nec ad conuiuia Vadas. Et nil ore Vomas nec fumas tunc medicinam.

¶ Augustus fpicas.

Lunam Virgo tenens Vxorē ducere noli. Vifcera cū coftis caues tractare
cruorem. Semen detur agro: dubites intrare carinam.

¶ September colligit Vuas.

Libra lunam tenens nemo genitalia tangat Aut renes nates: nec iter
carpere debes. Extremam partem libre cum luna tenebit.

¶ Seminat October.

Scorpius augmentat morbos in parte pudenda . Vulnera non aures
caueas afcendere naues. Et fi carpis iter timeas de morte ruinam.

¶ Spoliat Virgulta Nouember.

Luna nocet femori per partes motu Sagitte. Vngues Vel crines poteris
prefandere tute. De Vena minuas et balnea tutius intres.

¶ Querit habere abil: porcū mactando December

Capra nocet genibus ipfam cū luna tenebit. Intrat aqua nauem citius
curabitur eger. Fundamenta ruunt modicum tunc durat idipfum.

¶ Epilogus fequitur omniū fupradictorum.

¶ Que Vir antiqui potuerunt fcribere libris
Deaurendo polum conftanti mente rotundum
Aereafqz domos tentando et fpdera cuncta
Queqz fluunt ex his et quomodo fol moueatur
Intus habes collecta breui compendio et arte.

¶ De duodecim signis.

¶ Signorū princeps aries et taurus et ẏna
Tindaride iuuenes:et feruida brāchia cancri.
Herculeusqȝ leo nemee pauor almaqȝ ẏirgo
Libra iugo equali pendens. et scorpius acer
Centaurusqȝ senex chiron et cornua capri
Disectusqȝ ioui puer.et duo sydera pisces.
       ¶ Idem de signis.

¶ Corniger in primis aries:et corniger alter
Taurus.itē gemini:seqȝtur quos cācer adustus
Terribilisqȝ ferē species et iusta puella
Libra simul nigrum ferens in acumine ẏirus
Centaurusqȝ biformis adest:pelagiqȝ puella
Et q̄ portat aquā puer ẏuniger et duo pisces.
     ¶ De quatuor partibus anni. ¶ De ẏere
   ¶ Herqȝ nouū stabat cinctum florente corona
Dingens purpureo ẏernancia prata colore

ẏer placidum ẏario nectit de flore coronas
ẏere nouo setis decorantur floribus arua
ẏeris honos tepibū floret:ẏere omnia uident
       ¶ De estate.

¶ Stabat nuda estas et spicea serta gereba
horrida ethiopis signis imitata figuram
Sandit agros estas phebeis ignibus ardens
frugiferas aruis fert estas torrida messes
flaua ceres estatis habet sua tempore regna
       ¶ De antumno.

¶ Stabat et antūnus calcatis sordibꝰ ẏuis
Labra per antūnū musto spumancia feruent
Pomifer antūnus tenero dat palmite fructū
ẏite coronatas antūnus degrauat ẏlmos
fecūdos antūne locus de ẏitibus imples.
       ¶ De yeme.

¶ Stabat hyēs glacie canos hirsuta capillos
Cuius nix humeros circūdat flumina mōtes
Precipitāt: seperqȝ riget glacie horrida barba
Albentes hec durat aquas et flumina nectit
Tristis hyems niueo mōtes ẏelamine ẏestit.

       ¶ finit la premiere partie du compost et kalendrier des bergiers.

¶ Cy est la seconde partie du compost et kalendrier
des bergiers. Larbre des Vices. et paines denfer.

Au nom du pere et du filz et du saint esperit. Sensuit larbre
des Vices et miroer des pecheurs a veoir et congnoistre leurs
peches. Lequel arbre est diuise en sept parties principales selon les sept
peches mortelz. Car comme si vng arbre auoit sept grosses branches
et chascune branche plusieurs reinseaux. Ainsi larbre des Vices a sept
parties principales qui sont sept peches capitaulx. Desquelles parties
chascune pourroit estre dicte vng arbre par soy. et ainsi seroyent sept
arbres. lesquelz nous comprenons tous en vng: par ce que tous maulx
sont mal. et viennent dun commencement premier: qui est du Dyable:
et tendent en vne fin derreniere: cest damnacion: pour ceulx qui ny re
medient par penitence en temps et a heure. ¶ Et contient cestuy
chapitre deux parties principales. La premiere est larbre des Vices et
peches. La seconde sont les paines denfer: par lesquelles pecheurs serot
pugnis. ¶ Chascun peche mortel est diuise par plusieurs branches.
Lesquelles diuisees par reinseaux ou petites branchetes toutes sont
peches qui naissent et viennent les vngz des autres come ceulx qui
verront leuure presente pourront congnoistre et entendre. Pour ce fait
est compose affin que simples gens y cognoissent leurs vices et peches
pour mieulx les sauoir par confession mectre hors de leurs consciences
Lesquelles doiuent estre maison de dieu. Si que les Vertus y puissent
croistre et fructifier dont soiet aournees et parees: tellemet que iesucrist
lespoux des ames y veulle habiter et demourer auec ses espouses qui
est la fin pour laquelle cestuy arbre des Vices est fait et compose.
¶ La premiere grosse branche de cest arbre des Vices est orgueil. Et
pourroit estre vng arbre par soy diuise par. vii. branches capitales
nommees: Vaine gloire de soy. Vaine gloire du siecle. Soy glorifier
dauoir fait mal. Jactance. Jnobedience. Desdaing. Tempter dieu.
Epces. Mesprisemet. faulse bonte. Durte. presumpcion. Rebellion.
Obstinacion. Pecher scientement. Comunier en peche. Honte de faire
bien. ¶ Desquelles branches: mais de chascune dicelle naissent trois
estos. et de chascun estot trois petites branches: qui sont en some cent
cinquate trois manieres par quoy on peult comectre le peche dorgueil
Qui est le premier: du quel y sera parle premierement. et consequemet
des autres en semblable maniere.

¶ La premiere branche dorgueil

Vaine gloire de soy

Querir sa gloire non celle de dieu.
- Quant on cuide les biens quon a les auoir de soy
- Du que telz biens soient deuz pour merites
- Hô cuide plº auoir ou sauoir quô na ou quô ne scet

ppocrisie
- Dissimuler par paroles estre meilleur quoy nest.
- Sembler par euures estre ce quon nest pas
- Querir louenge de son bien fait ou de lautruy

Soy mespriser po² auoir gloire
- Mespriser son bienfait affin quon soit plus prise
- Repentir dauoir bien fait son nen a este loue
- Soy mespriser pour auoir plus grant louenge

La seconde branche dorgueil

Vaine gloire du siecle

pour les richesses
- Quant pour les auoir on cuide estre meilleur
- Du se sans les auoir on cuide estre pire
- Auoir honte de nauoir bien toutes ses necessites

Pour les pompes
- Soy delecter en ayant grande famille
- Soy esiouyr es gestes de son corps
- Du en facon et multitude de ses habiz

pour les honneurs
- Quât on quiert estre honoure dautres que des siês
- Vouloir honneur pour estre plus crain et doubte
- Du pour que lon die quon soit trespuissant

La tierce branche dorgueil

Gloire du mal

Raconter ses peches.
- Affin destre prise des mauluais et meschans
- Du monstrer quon est prompt a mal faire
- Delectant la recordacion de ses maulx faitz.

Sesiouyr destre mauluais
- Par ce quon ayme lamour du siecle
- Du car on ne doubte point dieu
- Du car on nayme point dieu du cueur

Nauoir honte destre mauluais.
- Car on ne scet quest vertus ou quest peche
- Non soy humilier quon ne soit dit vaincus
- Pour estre veu glorieux en faisant mal

La quarte branche dorgueil.

Iactance

Soy louer
- Apertement et deuant chascun ou plusieurs.
- Secretement deuant vng ou par soymesme
- Querir les occasions pour estre loue seulement

Soy monstrer meilleur quô nest
- En celant ses maulx que ne soyent seuz
- Racontant ses bienfaiz pour estre sceuz
- Du les celant pour que soient ditz plus grans

cuider estre saige et ne lestre pas.
- En estant grant au iugement de soy seulement
- En mesprisant le sauoir dautruy
- Presumât de ses propres vertus sâs grace de dieu

La cinquiesme branche dorgueil.

Inobedience

- **Apertement contredire.**
  - Mesprisant son prelat ou ceulx qui sont sus soy.
  - Mesprisant le merite qui vient de obedience
  - Auoir desir estre tel quon puisse contredire autruy
- **Faire indeumēt ce quon doit**
  - Quāt negligēmēt on fait ce quon doit faire.
  - Ou que autrement on se fait quil nappartient
  - Ou pour euiter dōmaige: ou pour auoir prouffit
- **Importune grace requerir**
  - Quāt ou coustumeemēt ou souuent on renchiet.
  - Ennuyeusement et effronte la demander
  - Inuinciblement perseuerer sans soy amender

La sizieme branche dorgueil.

Desdaing

- **Mespriser autruy**
  - Pour leurs ignorances et faultes de sauoir
  - Pour leurs pouretes et carence de biens.
  - Pour leurs maladies ou de faultes de membres
- **Soy preferer deuant autruy**
  - Soy monstrant grant pour aucunes euures
  - En apparaciō de ses faitz mespriser ceulx dautry
  - En cōsideraciō dautres maindres soy esleuer
- **Mespriser maindre que soy**
  - Qui se veult comparer pour richesses ou saēces
  - Ou qui est presque aussi grant que soy.
  - Ou qui es choses dictes sont par dessus soy

La septiesme branche dorgueil.

Tempter Dieu

- **Querant veoir signes**
  - Car on ne considere que les choses sensibles
  - Car on ne veult croire ce quon ne voit point
  - Juger choses aduenir deuant que soyēt venues
- **Soy expposer a peril**
  - Cuidant soy estre tel que dieu en doye de liurer
  - Ou soy desesperer et mourir en tel dāgereux peril.
  - ou croire en destinees & quautremēt ne peult estre
- **Ne traueiller soi oster de peril**
  - Car on ne veult vser de raison ne soy apder
  - Car on veult vser de sa folye sans conseil
  - Quon est trop paresseux sans vouloir traueiller

La huitiesme branche dorgueil.

Orgueil

- **Abuser de puissance.**
  - Usurpant la puissance qua soy napartiēt auoir.
  - Excedant le pouoir a soy commis ou baille
  - Traictāt mal ce quapartiēt a la puissāce quō a
- **Presider indignement**
  - Car on est moings souffisant en telle auctorite
  - Car on est trop fier a ceulx qui sont subiectz
  - Soy faire hayr et peu prouffiter en prelature.
- **Soy igerer trop**
  - Pour puissance ou richesses de ses amys
  - Pour violence que les souuerains peuent
  - Pour la cheuance et les grās biens quon a.

La neufuiesme branche dorgueil.

Mespuisement
- **Mectre son ame en peril**
  - Estant en peche mortel sans soy repentir
  - Ignorer estre en peche et ne chaloir de le sauoir
  - Du bien le sauoir et sen esiouyr
- **Ne chaloir des choses aduenir**
  - Ne croire la vie que est aduenir pour les bons
  - Croire la vie aduenir: mais non fermement
  - Du bien la croire et ne samender point
- **Preferer son corps a lame**
  - Estre diligent au corps: et negligent a lame
  - Querir les biens temporelz: et non les espirituelz
  - Nourrir continuelement sa chair en delices

La dixiesme branche dorgueil.

Faulse honte
- **Justement estre mesprise**
  - Pour sa presumpcion/arrogance/et orgueil
  - Pour sa vaine gloire/ventence/et iactance
  - Pour querir a viure dauantaige
- **Iniustement vo loir estre prise**
  - Quant on se delecte en louenges mondaines
  - Quāt on a crainte destre mesprise pour faire bien
  - Pour le desir quon a destre honnoure sans cause
- **Faire bn en mau uaise intencion**
  - Par ignorance quant on ne cuide faire tel bien
  - Iniquemēt faire bien cuidant ensuiuir grāt mal
  - Frauduleusement le faire pour deceuoir autruy

La vnziesme branche dorgueil.

Durte
- **Estre rude en ses fais**
  - Par trop estre impetueux et non pourueu
  - Par traicter trop estroictement les choses iustes
  - Traueiller plus que de droit ceulx qui sōt iustes
- **Estre fier trop ou cruel**
  - Car on na affection ou amour a autruy
  - De trouuer nouuelles manieres de mal faire
  - Nauoir point honte de faire cruaulte
- **Importunite**
  - Quāt on requiert vne chose trop cōtinuelement
  - Du quant on est trop impetueux de lauoir
  - Du estre trop ennuieulx en la requerant

La douziesme branche dorgueil.

Presumpcion
- **Ne croire que soy mesme**
  - Es fais dautruy trouuer tousiours a redire
  - Ne croire que autruy face bien pour dieu
  - Pour ses faitz estre content de soymesme
- **Parler de choses haultes**
  - Pour soy esleuer et monstrer estre grant
  - Pour cōtrarier a ses prouchains ou semblables
  - En blasphemant dieu ou ses sains et sainctes
- **Cuider plus de soy quon ne doit**
  - Quant on ne veult congnoistre ses deffaultes
  - Quant on mesprise les deffaultes dautruy
  - Entreprēdre de paruenir a ce quon ne peult

La treziesme branche dorgueil.

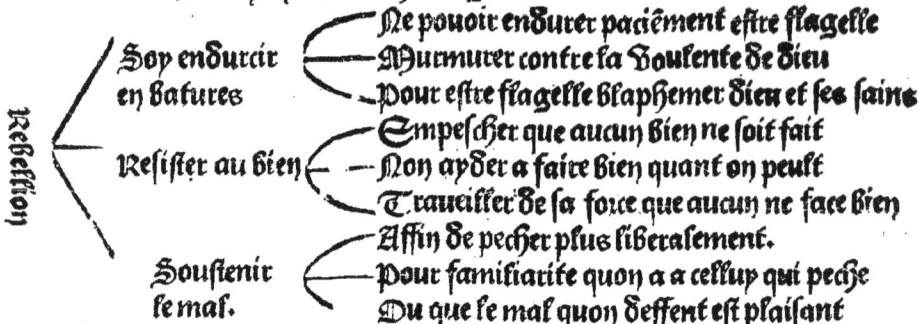

Rebellion

- **Soy endurcir en batures**
  - Ne pouoir endurer paciemment estre flagelle
  - Murmurer contre la voulente de dieu
  - Pour estre flagelle blaphemer dieu et ses sains
- **Resister au bien**
  - Empescher que aucun bien ne soit fait
  - Non ayder a faire bien quant on peult
  - Trauailler de sa force que aucun ne face bien
- **Soustenir le mal.**
  - Affin de pecher plus liberalement.
  - Pour familiarite quon a a celluy qui pecse
  - Du que le mal quon deffent est plaisant

La quatorziesme branche dorgueil.

Obstination

- **Hair chastiemet**
  - Non vouloir escouter dire son bien.
  - Du lescouter et ne samender point
  - Du deuenir pire pour estre corrige
- **Ne voloir cesser a faire mal**
  - Car on ne veult laisser le mal acoustume
  - Du on ne veult sadonner a bien faire
  - Du quon sestoupst en recordacion du mal fait
- **Estre pertinax a dire endurcy**
  - Faire contre conseil les choses qui sont doubteuses.
  - Aymer ce quon cuide estre bien et nest pas
  - Estre adhere a mal sans nul remede.

La quinziesme branche dorgueil.

Pecher sciemment

- **En pechant mortelement**
  - Par presumpcion congnoissant quon fait mal
  - Par ignorance car on ne se veult pas cognoistre.
  - Soy prouoquer desirer faire peche et mal
- **En pechant veniesement**
  - Pour supuir mauluaises compaignies
  - Pour acoustumance de faire aucun veniel peche
  - escheuer vng peche et on pourroit escheuer les. ii.
- **En doubte de mortel ou veniel**
  - Par cogitacion en son cueur seulement
  - Par paroles dictes legierement
  - Par operacion faicte indiscretement.

La seziesme branche dorgueil.

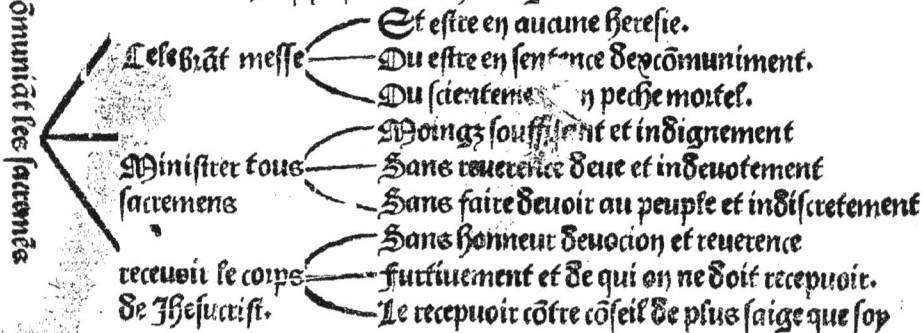

Communiant les sacremens

- **Celebrant messe**
  - Et estre en aucune heresie.
  - Du estre en sentence dexcomuniment.
  - Du scientement en peche mortel.
- **Ministrer tous sacremens**
  - Moingz souffisent et indignement
  - Sans reuerence deue et indeuotement
  - Sans faire deuoir au peuple et indiscretement
- **receuoir le corps de Jhesucrist.**
  - Sans honneur deuocion et reuerence
  - furtiuement et de qui on ne doit recepuoir.
  - Le recepuoir contre conseil de plus saige que soy

La dixseptiesme branche dorgueil

La dixseptiesme branche dorgueil

Honte de faire bien

Doufoir estre bon et en auoir honte
- Par pusillanimite et faulte de couraige
- Par aymer negligement quelque bien que soit
- Par cuider estre honte: ce quest honneur

Auoir honte destre bon et non estre
- Car on veult complaire a dauaines personnes
- Car on nayme pas ce que est bien
- Du car on est paresseux a bien faire

Pour sembler a ceulx q font mal
- Quant on seiouist en compaignie de mauuais
- Pour euiter dommaige de soy ou dautruy
- Pour obtenir ce quon desire: et on veult auoir

finissent les branches/ estotz/ et rainseaux du peche dorgueil. et ensuiuent les branches denuie Lesquelles sont viii grosses. cestassauoir Enuie Detraction Adulacion Susurracion Estindre la grace du sainct esperit Suspicion Accusacion Excusacion Ingratitude Juger Soubstraction Tprer autruy a mal faulse amour.

La premiere branche denuie

Enuie

Doufoir de la prosperite de son prouchain
- Car tu desire que ton prouchain aye mal
- Car tu ne peulx soustenir ne veoir son bien
- Pour que tu se puisse opprimer en misere

Non soy esiouyr du bien de son prouchain
- Car il ta fait autrefoys iniures
- Du ne ta pas donne le bien que luy as requis
- tu ne peux sostenir ou tu pyertiz ou tu nie son bien

Soy esiouyr des aduersites de son prouchain
- Lesquelles tu luy faiz et en est en cause
- Du autre les luy fait non mie toy
- Du car il seuffre par diuine iustice

La seconde branche denuie

Detraction

Pour cause de legerete
- Par mauuaise acoustumance de ainsi faire
- Du pour complaire a dauaines gens
- Ne regardat que ce quon dit peust nuire autruy

Pour hayne criminelle
- En controuuant vng mal qui nest point vray
- En raportant quon la oy dire ou quil est vray
- En escoutant dire des autres ce qui nest vray

En mentent saientement
- Affin de porter dommaige
- Quaucun bien nauiegne a celluy quon het
- Du pour affin quil soit diffame

8·i·

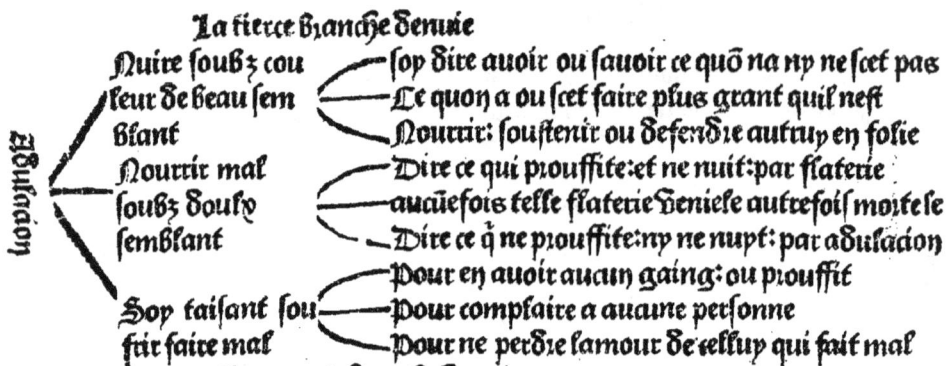

La tierce branche deuuie

Abusacion

Nuire soubz couleur de beau semblant
- Soy dire auoir ou sauoir ce quõ na ny ne scet pas
- Ce quon a ou scet faire plus grant quil nest
- Nourrir: soustenir ou defendre autruy en folie

Nourrir mal soubz doulx semblant
- Dire ce qui prouffite:et ne nuit:par flaterie
- aucuefois telle flaterie Deniele autrefois morte le
- Dire ce q ne prouffite:ny ne nupt: par adulacion

Soy taisant souffrir faire mal
- Pour en auoir aucun gaing: ou prouffit
- Pour complaire a auaine personne
- Pour ne perdre lamour de celluy qui fait mal

La quarte branche deuuie

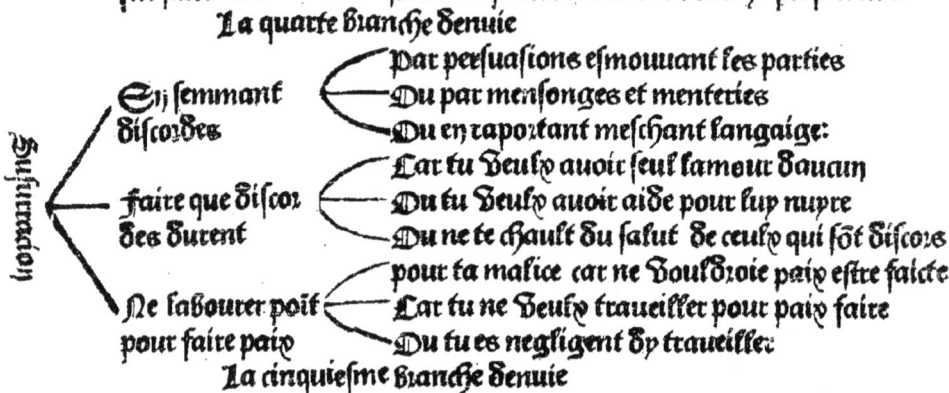

Susurracion

En semmant discordes
- Par persuasions esmouuant les parties
- Du par mensonges et menteries
- Du en raportant meschant langaige:

faire que discordes durent
- Car tu Deulx auoir seul lamour Daucun
- Du tu Deulx auoir aide pour luy nuyre
- Du ne te chault du salut De ceulx qui sõt discors

Ne labourer poit pour faire paix
- pour ta malice car ne Vouldroie paix estre faicte
- Car tu ne Deulx traueiller pour paix faire
- Du tu es negligent Dy traueiller

La cinquiesme branche deuuie

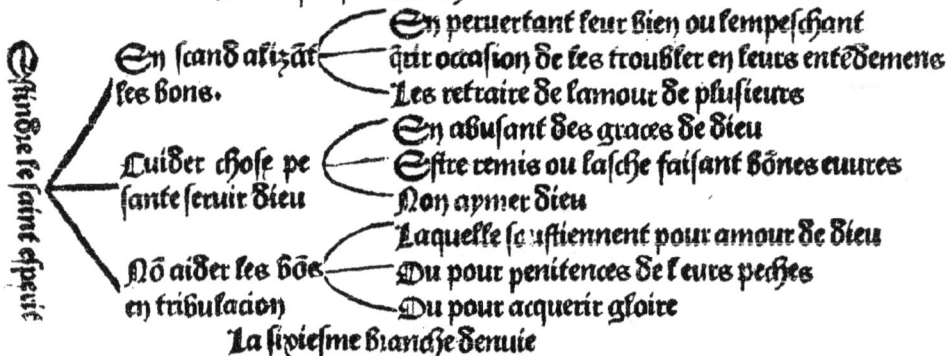

Estaindre le saint esperit

En scandalizãt les bons.
- En peruertant leur bien ou lempeschant
- qưit occasion De les troubler en leurs entendemens
- Les retraire de lamour de plusieurs

Cuider chose pesante seruir dieu
- En abusant des graces de dieu
- Estre remis ou lasche faisant bõnes euures
- Non aymer dieu

Nõ aider les bõs en tribulacion
- Laquelle se sustiennent pour amour de Dieu
- Du pour penitences de leurs pechies
- Du pour acquerir gloire

La sixiesme branche deuuie

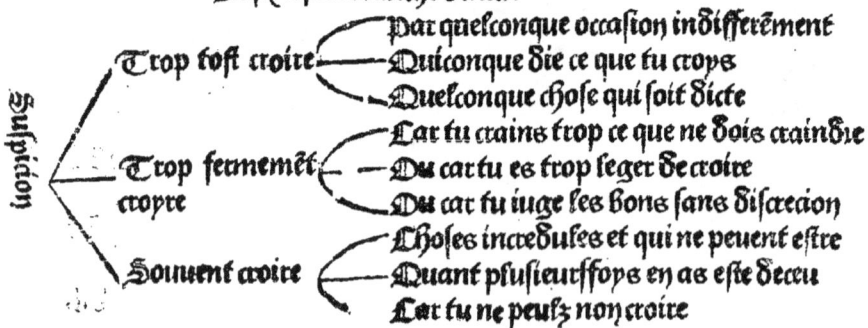

Suspicion

Trop tost croire
- Par quelconque occasion indifferemment
- Quiconque die ce que tu croys
- Quelconque chose qui soit dicte

Trop fermemẽt croyre
- Car tu crains trop ce que ne dois craindre
- Du car tu es trop seger De croire
- Du car tu iuge les bons sans discracion

Souuent croire
- Choses incredules et qui ne peuent estre
- Quant plusieurs foys en as este deceu
- Car tu ne peulx non croire

La septiefme branche denuie

Accufation
- De vray
  - Quāt cest pour vindicacion de celluy quō accufe
  - Quant pour legerete quon a de accufer autruy
  - Ou pour complaire a celluy vers qui on accufe
- De faulx
  - Quant on controuue le mal du quel on acufe
  - Quant on fcet celluy qui eft acufe nauoit coulpe
  - Quant on acufe de mal pour caufe de hayne
- De chofes
  doubteufes
  - Querant occafion de nuyre a celluy quon accufe
  - Affermer eftre vray ce icertain de quoy on accufe
  - Impofer le mal quon cuide eftre et on ne fe fcet

La huitiefme branche denuie

Excufacion
- De parolles
  - Qui font ambigues: ou ont double entendemēt
  - Manifeftement et quon fcet eftre fauffes
  - Querant occafion de celler le mal fait
- Par force de iurer
  - En redondant le mal a celluy qui ne la frit
  - Pour foy monftrer eftre innocent du mal fait
  - Pour euader deftre pugny du mal fait
- Par faindes
  euangiles
  - Combien que foit par cōtraincte et foy pariurer
  - Et pis fe on le fait voluntairement
  - Ou iurer improuueu de ce que on iure

La neufuiefme branche denuie

Ingratitude
- Non congnoiftre
  fes benefices de
  dieu
  - Quant ou combien nous en a fait
  - Par quel bonte car fans deferte les nous a fait
  - Ou quel chofe eft digne pour luy retribuer
- Rendre mal
  pour bien
  - A celluy qui ta fouuenu en ta neceffite
  - A celluy qui ta confeille a ton befoing
  - A celluy qui ta deffendu ou garde de mal
- Ne rendre bien
  pour bien
  - Mais faire mal a celluy qui ta fait bien
  - Ou ne faire mal ne bien a qui ta bien fait
  - Ou pour grant bien receu: rendre vng petit

La dixiefme branche denuie

Juger
- Des faiz dautry
  et napartient
  - Par ignorance: car on ny garde pas
  - En doubte de ce de quoy on ne fcet rien
  - Ou en iuger fans en eftre requis
- Faifant faulx
  iugemens
  - Pour aucun pris receu ou a receuoir
  - Pour amour ou pour hayne
  - Par certaine malice et delibereement
- Mal eftre bon
  ou le contraire
  - Par legerete car on en eft couftumier
  - Ou ainfi iuger cuidant faire par efbatement
  - Ou fcientement pour vouloir nuyre

g.ii

La vnziesme branche denuie

Substraction

En choses temporelles
- Ne donner aux poures biens qui sont superflus
- Retenir toutes choses licites sans en departir
- Biens quon a: exposer en mauluais vsaiges

En choses spirituelles
- Non estre songneux du salut des pecheurs
- Non amonester pecheurs de laisser leurs peches
- Non enseigner a autruy le bien quon scet

Ou de conseil
- Non donner conseil a ceulx qui le demandent
- Du donner mauluais conseil scientement
- Du ne coseiller quat on se peult celup q̃ fait mal

La douziesme branche denuie

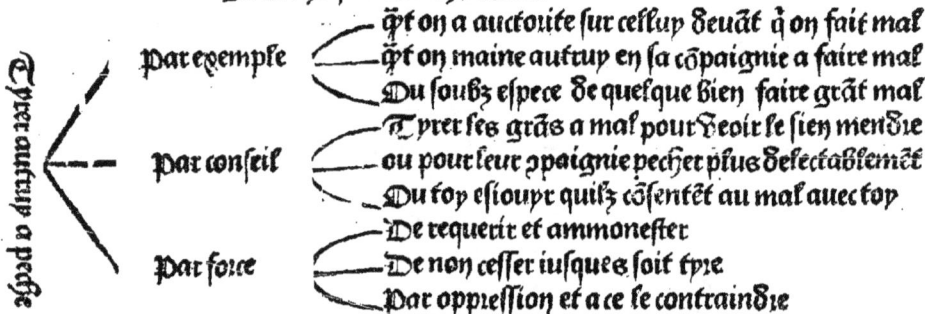

Tyrer autruy a peche

Par exemple
- q̃t on a auctorite sur cellup deuãt q̃ on fait mal
- q̃t on maine autruy en sa copaignie a faire mal
- Du soubz espece de quelque bien faire grãt mal

Par conseil
- Tyrer les grãs a mal pour veoir le sien mendre
- ou pour leur cpaignie pecher plus delectablemet
- Du top esioupr quilz cosentet au mal auec top

Par force
- De requerir et ammonester
- De non cesser iusques soit tpe
- Par oppression et a ce se contraindre

La treziesme branche denuie

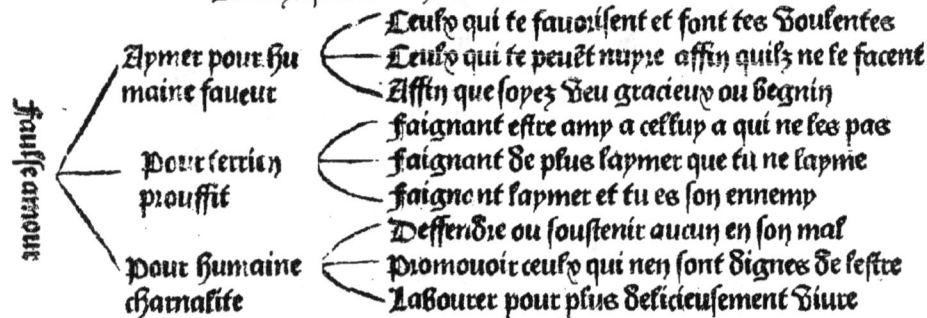

Faulse amour

Aymer pour humaine faueur
- Ceulx qui te fauorisent et font tes voulentes
- Ceulx qui te peuet nupre affin quilz ne le facent
- Affin que soyez veu gracieux ou begnin

Pour sectien prouffit
- Faignant estre amy a cellup a qui ne les pas
- Faignant de plus laymer que tu ne layme
- Faignent laymer et tu es son ennemy

Pour humaine charnalite
- Deffendre ou soustenir aucun en son mal
- Promouoir ceulx qui nen sont dignes de lestre
- Labourer pour plus delicieusement viure

finissent les branches denuie qui sont en nobre
piii cp deuãt declairees. et ensuiuet les brãches
du vii peche de Ire: Lesquelles seront dix come
on les pourra cp apres veoir.

¶ Larbre du peche de Ire.

La premiere branche de ire

Iniquite

Soy mocquer
- Pour garder autry daimer cellup que tu mocque
- Pour delectacion que tu prens a faire mocqueries
- Du car tu as coustume de ainsi faire

Mauldire
- Auttup en son couraige sans parler
- Ou de la bouche par paroles
- Semmer discordes entre gens

Trahir
- Donner scientement maulvais conseil de pecher
- Esguetant le pecheur pour deceler son mal
- Veoir pecher et non reprendre quant on peult

La seconde branche de ire

Hayne

Discordes
- Par manifestes rancunes
- Sembler amy et auoir rancune au cueur
- Auoir fait paix et tenir rancour en memoire

Iniures
- En diffamant autruy
- En luy ostant le sien
- En luy blessant son corps ou lame

Conspiracions
- Sasmatizer ou procurer fasme
- Coniurer en personnes en bien ou en mal
- Conspirer en aucunes euures

La tierce branche de ire

Contumelie

Obprobres
- Reprocher la pourete en quoy on est
- Les flagellacions quon a et quon a euz
- Quon soit venu de poure condicion

Paroles aspres
- Prouoquant autruy a courroux
- Plaines de reproches et iniures
- Telles que peuent porter dommaige

Nuyre a son prouchain
- Par paroles oultrageuses
- Par blessure de son corps ou homicide
- Par luy forfraire ses biens ou sa renommee

La quarte branche de ire

Consentir

Namender les autres q peult
- Quant on a dominacion sur le pecheur
- Du quant on est bien son familier
- qui aide a faire mal z le pourroit bie epescher

Sesiouyr de mal
- Louer et esiouir les pecheurs
- Non douloir des peches quilz font
- Ne corriger ceulx qui sesiouissent de mal faire

aider a faire mal
- Par conseil que tu baille
- Par aide que tu faiz
- Car tu deffens cellup qui fait mal

g iiij

La cinquiesme branche de ire

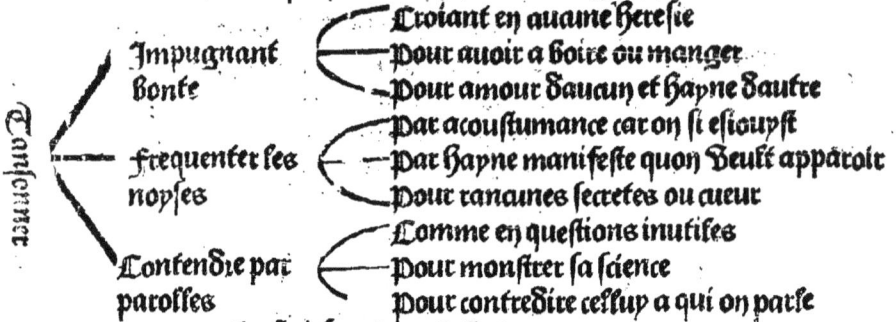

Tanfonner

- **Impugnant bonte**
  - Croiant en aucune heresie
  - Pour auoir a boire ou manger
  - Pour amour dauan et hapne dautre
- **Frequenter les noyses**
  - Par acoustumance car on si esioupst
  - Par hapne manifeste quon veult apparoit
  - Pour rancunes secretes ou cueur
- **Contendre par parolles**
  - Comme en questions inutiles
  - Pour monstrer sa science
  - Pour contredire cellup a qui on parle

La sixiesme branche de ire

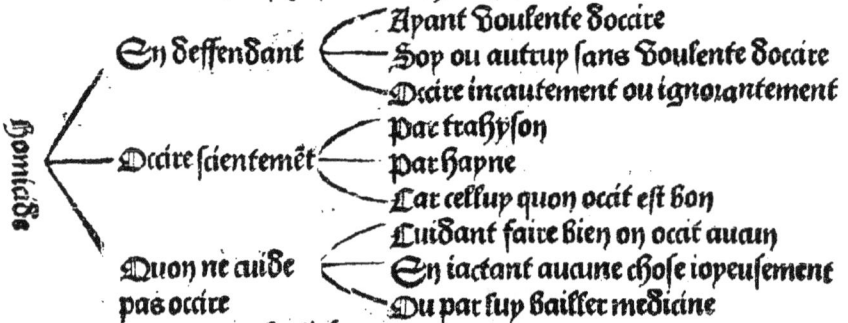

Homicide

- **En deffendant**
  - Ayant voulente docire
  - Soy ou autrup sans voulente docire
  - Ocire incautement ou ignorantement
- **Ocire scientemet**
  - Par trahyson
  - Par hapne
  - Car cellup quon ocist est bon
- **Quon ne cuide pas ocire**
  - Cuidant faire bien on ocist aucun
  - En iactant aucune chose ioyeusement
  - Du par sup bailler medicine

La septiesme branche de ire

Vengence

- **Pour iniure faicte**
  - En disant semblables iniures
  - En disant plus grandes iniures
  - Du iniures coblien quelles soient maindres
- **Quon cuide dommaige et non est**
  - Nuyre a cellup qui corrige pour bien
  - Du faire mal a cellup qui a bien fait
  - Si te desplaist ce quon fait pour ton bien
- **Pour faulte de aucune chose**
  - Se aucun ne ta donne ou preste de ses biens
  - Du quil na fait pour toy ce que nestoit tenu
  - Du ne ta aide faire ton mal

La huitiesme branche de ire

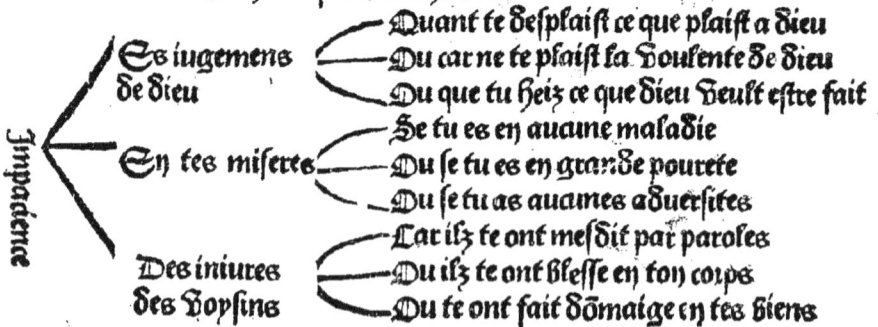

Impacience

- **Es iugemens de dieu**
  - Quant te desplaist ce que plaist a dieu
  - Du car ne te plaist la voulente de dieu
  - Du que tu heiz ce que dieu veult estre fait
- **En tes miseres**
  - Se tu es en aucune maladie
  - Du se tu es en grande pourete
  - Du se tu as aucunes aduersites
- **Des iniures des voysins**
  - Car ilz te ont mesdit par paroles
  - Du ilz te ont blesse en ton corps
  - Du te ont fait dommaige en tes biens

La neufuiesme branche de ire

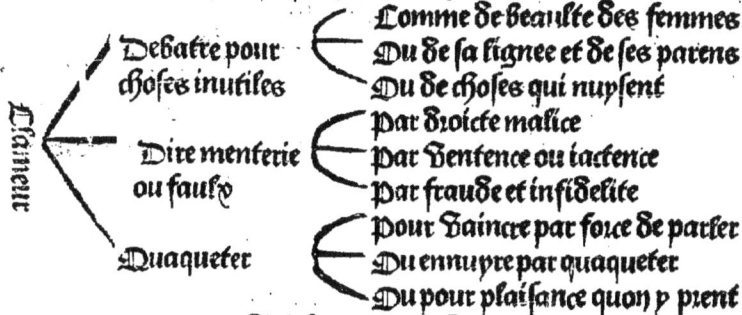

Clameur

Debatre pour choses inutiles
- Comme de beaulte des femmes
- Du de sa lignee et de ses parens
- Du de choses qui nuysent

Dire menterie ou faulx
- Par droicte malice
- Par ventence ou iactence
- Par fraude et infidelite

Quaqueter
- Pour vaincre par force de parler
- Du ennuyre par quaqueter
- Du pour plaisance quon y prent

La dixiesme branche de ire

Blaspheme

Sentir de dieu ce quil napartient
- Comme de sa souueraine puissance
- Du de sa tresgrant bonte en nous
- Du de sa iuste iustice

Affermer de dieu choses indignes
- Par aucune erreur en quoy on est
- Par crainte de perdre
- Par couuoitise de gaigner

Dire estre dieu ce qui ne lest pas
- En croiant comme font ydolatres
- En oppinant par mal entendre
- Faire contre les status de leglise

¶ Finissent les braches de ire. Et ensuiuet celles de paresse: lesquelles sont: Cogitacion mauluaise. Ennuy de bien. Legerete a mal. Pusillanimite. Volente mauuaise. Fraction de veux. Impenitece Infidelite. Ignorance. Vaine tristesse. Lachete. Male esperance. Curiosite. Oysiuete. Euagacion Empeschement de bien. Dissolucion.

La premiere branche de paresse

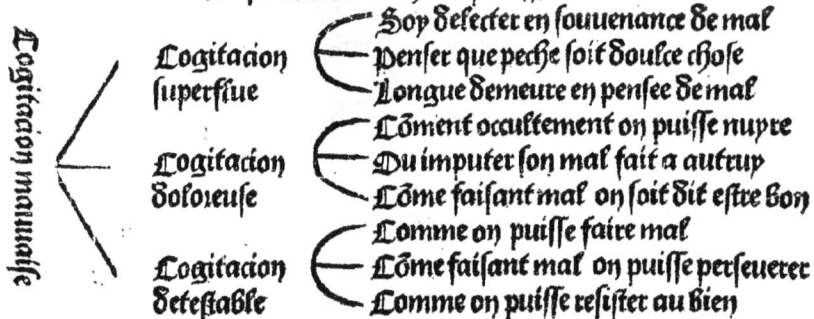

Cogitacion mauuaise

Cogitacion superflue
- Soy delecter en souuenance de mal
- Penser que peche soit doulce chose
- Longue demeure en pensee de mal

Cogitacion doloreuse
- Coment occultement on puisse nuyre
- Du imputer son mal fait a autruy
- Come faisant mal on soit dit estre bon

Cogitacion detestable
- Comme on puisse faire mal
- Come faisant mal on puisse perseuerer
- Comme on puisse resister au bien

d iiii

Ennuy de bien

Pecher par acoustumance
- Car les autres pechent pareillement
- Car la coustume est de ainsi faire
- Car il ny a qui reprengne ou argue qui fait mal

Pecher par malice
- Quant aucun ayme mal: et pour ce fait mal
- Quant on ne ayme le bien et on ne le fait mie
- Quant on heist le bien: et on ayme le mal

Ou par desir de laisser le mal
- Quant aucun fait bien maulgre soy
- Quant on ne sesiouist en faisant bien
- Quant il ne desplaist se on fait mal

La tierce branche de paresse

Promptitude a mal

Par inconstance
- En delaissant le bien quon congnoist
- En muant souuent son propos ou conseil
- Faiblir en aduersite: et sesleuer en prosperite

Par pusillanimite
- Soy subtraire du bien
- Defaillir a la grace de dieu
- Craindre de comencer ce quest bonne chose

Par curiosite
- En querant choses inutiles et nouuelles
- Plaisamment ouyr rumeurs et fables
- Querir choses nouuelles pour sa voulente seule

La quattriesme branche de paresse

Pusillanimite

Craindre ou on ne doibt
- Craindre ce que sil aduient nest dommaige
- Perdre biens spirituelz quon ne perde les temporelz
- Si temporelle aduersite semble estre trop grefue

Craindre plus quon ne doibt
- Faire trop grant deul de ce quon a perdu
- Douloir quon na ce quon desire auoir
- Douloir quant aduient chose oultre son gre

Craindre ceulx quon ne doibt
- Comme detracteurs quant on dit iustement
- Du defenser les mauluais pour eulx complaire
- Du quilz ne nuysent si on fait bien

La cinquiesme branche de paresse

Voulente mauuaise

Vouloir faire mal
- Qui soit au deshonneur de dieu
- Ou au dommaige de son prouchain
- Ou a la damnacion de son ame

Vouloir pouoir mal faire
- Pour la delectacion du mal
- Pour la desplaisance du bien
- Pour quon face ce qui plaist et on veult

Soy y delecter tant quon peult
- Non resistant aux mauuaises cogitacions
- Aymer mauuaises delectacions
- Appeter comme on se puisse delecter

La sixiesme branche de paresse

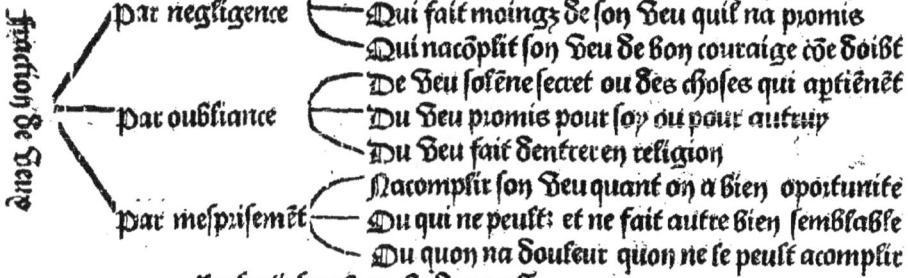

Fraction de veu

- Par negligence
  - Qui peult faire son veu et le mesprise acomplir
  - Qui fait moingz de son veu quil na promis
  - Qui nacôplit son veu de bon couraige côe doibt
- Par oubliance
  - De veu solêne secret ou des choses qui aptiênêt
  - Du veu promis pour soy ou pour autruy
  - Du veu fait dentrer en religion
- Par mesprisemêt
  - Nacomplir son veu quant on a bien oportunite
  - Du qui ne peult et ne fait autre bien semblable
  - Du quon na douleur quion ne se peult acomplir

La septiesme branche de paresse

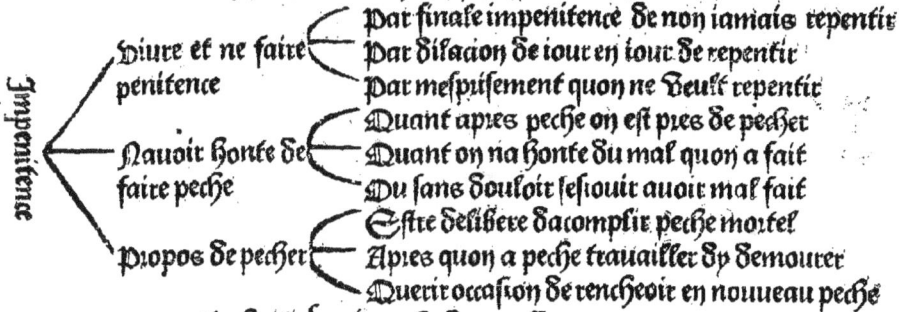

Impenitence

- Diure et ne faire penitence
  - Par finale impenitence de non iamais repentir
  - Par dilacion de iour en iour de repentir
  - Par mesprisement quon ne veult repentir
- Nauoir honte de faire peche
  - Quant apres peche on est pres de pechet
  - Quant on na honte du mal quon a fait
  - Du sans douloit sesiouit auoir mal fait
- Propos de pecher
  - Estre delibere dacomplir peche mortel
  - Apres quon a peche trauailler dy demourer
  - Querir occasion de rencheoir en nouueau peche

La huitiesme branche de paresse

Infidelite

- Nô croire ce que on doit croire
  - Comme croient les iuifz et autres infideles
  - Qui ne scet ny ne veult ope les articles de la foy
  - Du qui les opt dire et ne les croist pas
- Croire ce que on ne doit croire
  - En faulx dieux comme croient les payens
  - En pdoles et quelques symulachres
  - Du croire en choses dyaboliques côme sorcieres
- Croire laichemêt
  - Doubter de ce quon doibt croire fermement
  - Croire et non fermement comme on doibt
  - facilement soy laisser seduire de sa creance

La neufuiesme branche de paresse

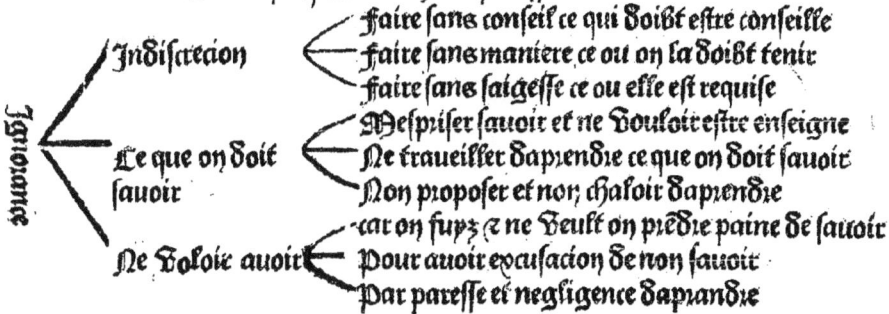

Ignorance

- Indiscrecion
  - faire sans conseil ce qui doibt estre conseille
  - faire sans maniere ce ou on la doibt tenir
  - faire sans saigesse ce ou elle est requise
- Ce que on doit sauoir
  - Mespriser sauoir et ne vouloir estre enseigne
  - Ne trauailler daprendre ce que on doit sauoir
  - Non proposer et non chaloit daprendre
- Ne voloir auoir
  - car on supz z ne veult on predre paine de sauoir
  - Pour auoir excusacion de non sauoir
  - Par paresse et negligence daprandre

La dixiesme branche de paresse

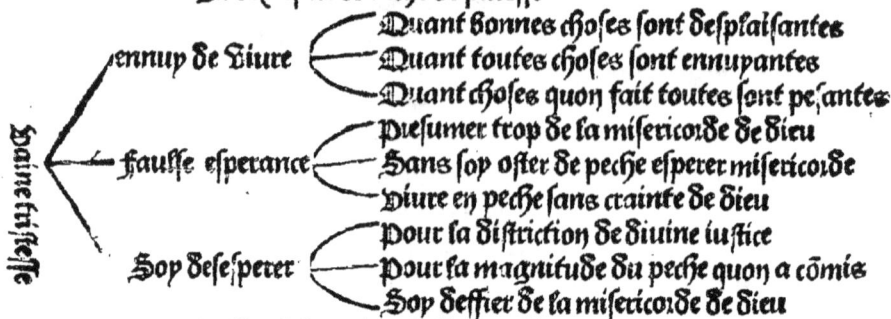

Haine tristesse

ennuy de viure
- Quant bonnes choses sont desplaisantes
- Quant toutes choses sont ennuyantes
- Quant choses quon fait toutes sont pesantes

faulse esperance
- Presumer trop de la misericorde de dieu
- Sans soy oster de peche esperer misericorde
- Viure en peche sans crainte de dieu

Soy desesperer
- Pour la distriction de diuine iustice
- Pour la magnitude du peche quon a comis
- Soy deffier de la misericorde de dieu

La vnziesme branche de paresse

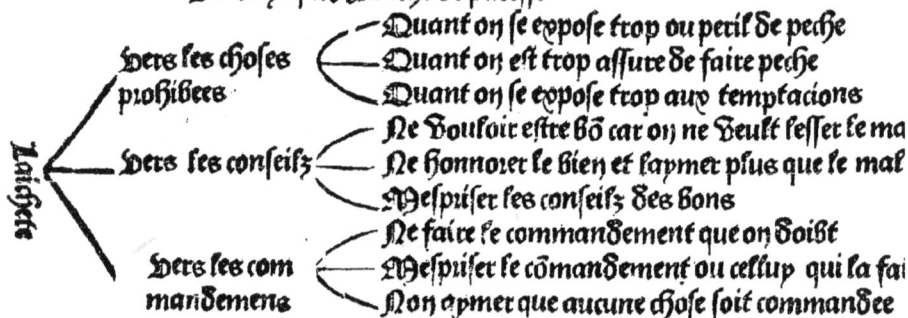

Laschete

Vers les choses prohibees
- Quant on se expose trop ou peril de peche
- Quant on est trop assure de faire peche
- Quant on se expose trop aux temptacions

Vers les conseilz
- Ne vouloir estre bon car on ne veult lesser le mal
- Ne honnorer le bien et laymer plus que le mal
- Mespriser les conseilz des bons

Vers les commandemens
- Ne faire le commandement que on doibt
- Mespriser le comandement ou celluy qui la fai
- Non aymer que aucune chose soit commandee

La douziesme branche de paresse

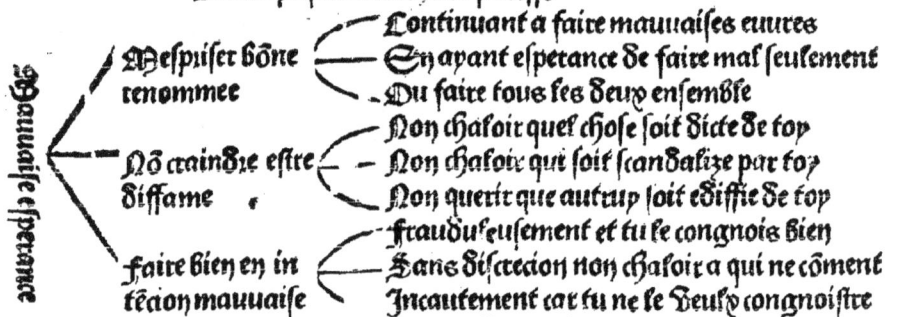

Mauuaise esperance

Mespriser bone renommee
- Continuant a faire mauuaises euures
- En ayant esperance de faire mal seulement
- Du faire tous les deux ensemble

Non craindre estre diffame
- Non chaloir quel chose soit dicte de toy
- Non chaloir qui soit scandalize par toy
- Non querir que autruy soit ediffie de toy

faire bien en intencion mauuaise
- frauduleusement et tu le congnois bien
- Sans discretion non chaloir a qui ne coment
- Incautement car tu ne le veulx congnoistre

La treziesme branche de paresse

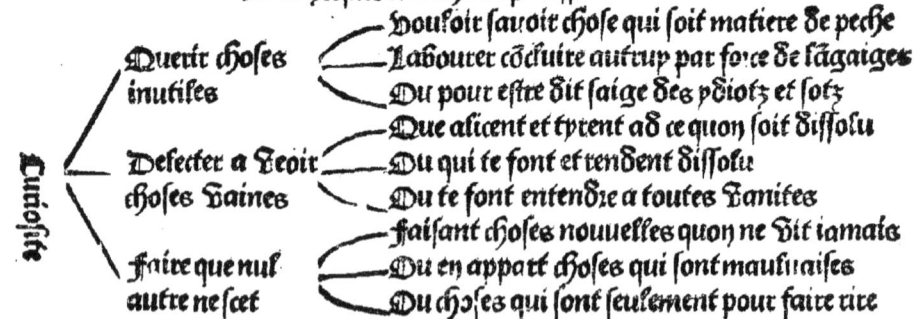

Curiosite

Querir choses inutiles
- Vouloir sauoir chose qui soit matiere de peche
- Labourer conduite autruy par force de langaiges
- Du pour estre dit saige des pediotz et sotz

Delecter a veoir choses vaines
- Que alicent et tyrent ad ce quon soit dissolu
- Du qui te font et rendent dissolu
- Du te font entendre a toutes vanites

faire que nul autre ne scet
- faisant choses nouuelles quon ne vit iamais
- Du en appart choses qui sont mauuaises
- Du choses qui sont seulement pour faire rire

La quatorziesme branche de paresse

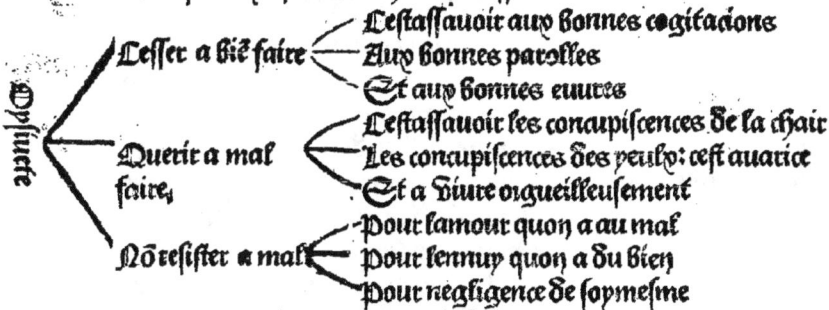

Oysiuete

Lesser a bien faire
- Cestassauoir aux bonnes cogitacions
- Aux bonnes parolles
- Et aux bonnes euures

Querir a mal faire
- Cestassauoir les concupiscences de la chair
- Les concupiscences des yeulx: cest auarice
- Et a viure orgueilleusement

Non resister a mal
- Pour lamour quon a au mal
- Pour lennuy quon a du bien
- Pour negligence de soymesme

La quinziesme branche de paresse

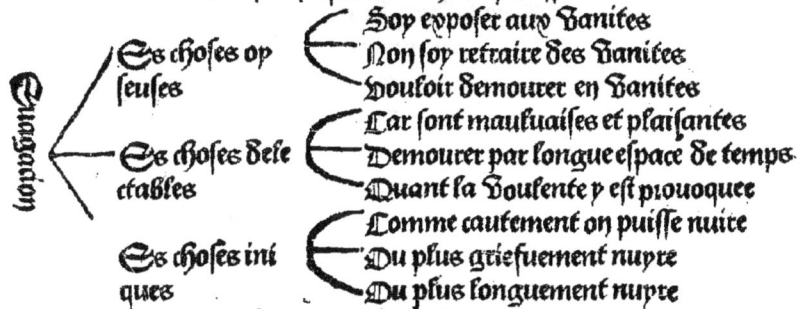

Euagacion

Es choses oyseuses
- Soy exposer aux vanites
- Non soy retraire des vanites
- Vouloir demourer en vanites

Es choses delectables
- Car sont mauluaises et plaisantes
- Demourer par longue espace de temps
- Quant la voulente y est prouoquee

Es choses iniques
- Comme cautement on puisse nuire
- Du plus griefuement nupre
- Du plus longuement nupre

La seziesme branche de paresse

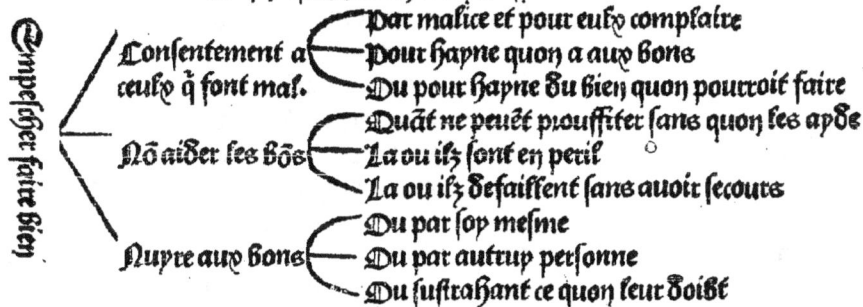

Empescher faire bien

Consentement a ceulx q font mal
- Par malice et pour eulx complaire
- Pour hapne quon a aux bons
- Du pour hapne du bien quon pourroit faire

Non aider les bons
- Quat ne peuct prouffiter sans quon les apde
- La ou ilz sont en peril
- La ou ilz defaillent sans auoir secours

Nupre aux bons
- Du par soy mesme
- Du par autruy personne
- Du suftrahant ce quon leur doibt

La dixseptiesme branche de paresse

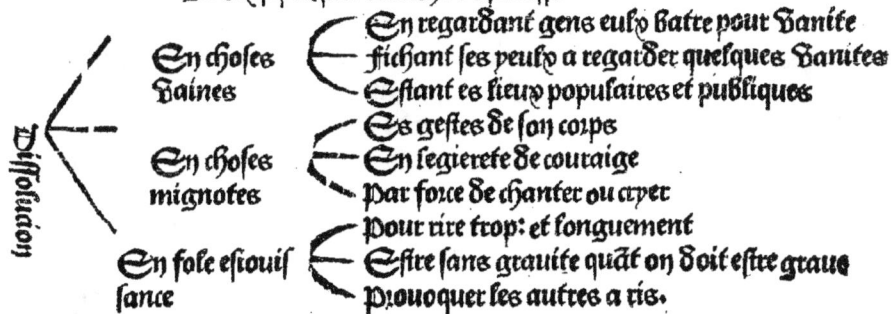

Dissolucion

En choses vaines
- En regardant gens eulx batre pour vanite
- fichant ses yeulx a regarder quelques vanites
- Estant es lieux populaires et publiques

En choses mignotes
- Es gestes de son corps
- En legierete de couraige
- Par force de chanter ou cryer

En fole esiouissance
- Pour rire trop: et longuement
- Estre sans grauite quat on doit estre graue
- Prouoquer les autres a ris.

La premiere branche dauarice

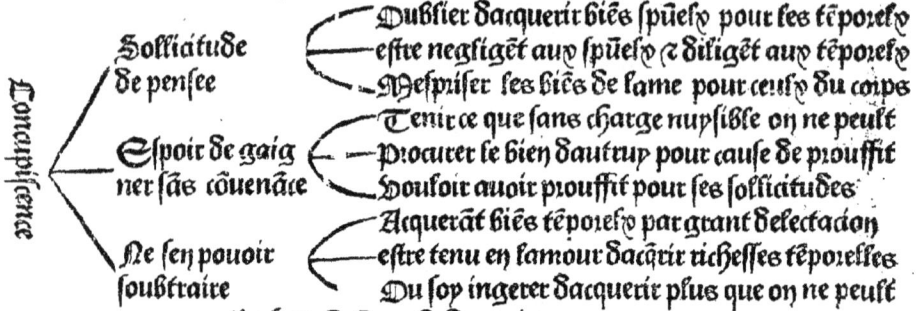

Concupiscence

Solliatude de pensee
- Oublier dacquerir biens spuelz pour ses teporelz
- estre negligent aux spuelz et diligent aux teporelz
- Mespriser ses biens de lame pour ceulx du corps

Espoir de gaigner sans couenance
- Tenir ce que sans charge nuysible on ne peult
- Procurer le bien dautruy pour cause de prouffit
- Vouloir auoir prouffit pour ses solliatudes

Ne sen pouoir soubstraire
- Acquerant biens teporelz par grant delectacion
- estre tenu en lamour dacqrir richesses teporelles
- Du soy ingerer dacquerir plus que on ne peult

La seconde branche dauarice.

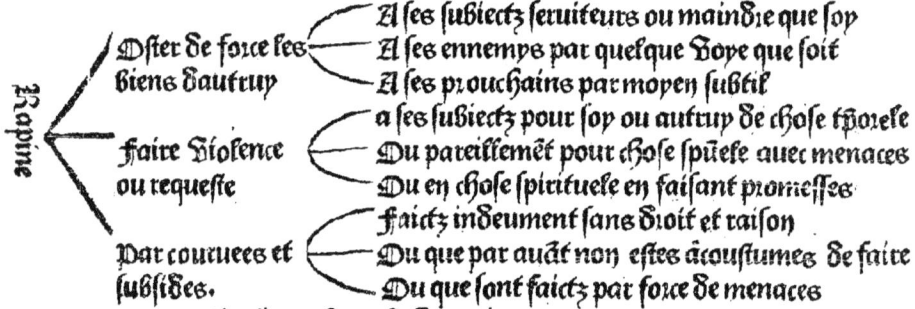

Rapine

Oster de force les biens dautruy
- A ses subiectz seruiteurs ou maindre que soy
- A ses ennemys par quelque voye que soit
- A ses prouchains par moyen subtil

Faire violence ou requeste
- a ses subiectz pour soy ou autruy de chose tporele
- Du pareillemet pour chose spuefe auec menaces
- Du en chose spirituele en faisant promesses

Par couruees et subsides.
- faictz indeument sans droit et raison
- Du que par auat non estes acoustumez de faire
- Du que sont faictz par force de menaces

La tierce branche dauarice.

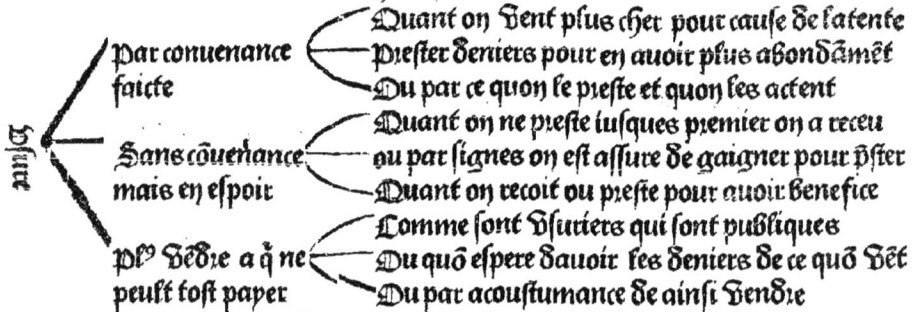

Usure

Par conuenance faicte
- Quant on vent plus cher pour cause de latente
- Prester deniers pour en auoir plus abondamet
- Du par ce quon se preste et quon les actent

Sans couenance mais en espoir
- Quant on ne preste iusques premier on a receu
- ou par signes on est assure de gaigner pour pster
- Quant on recoit ou preste pour auoir benefice

Plus vedre a q ne peult tost payer
- Comme sont vsuriers qui sont publiques
- Du quo espere dauoir ses deniers de ce quo vet
- Du par acoustumance de ainsi vendre

La quarte branche dauarice

Retenir la debte quon doit

Du en le nyant
- Ce que tu scez bien que tu se dois
- ce de quoy tu as vehemete opinio que tu dois
- Ce qui est legitimement congneu que tu le dois

Du en le robant
- Esperant de le rendre en aucun temps
- Sans voulente de rendre: et tu le pourroye bien
- Non pouoir rendre: et non requerir misericorde

Du que telle deb te soit oubliee
- Laquelle on payeroit qui la requerroit
- Non redre aux enfes ce quon a de leurs parens
- Retenir saientement ce q ignoret ceulx a q aptiet

Non rendre choses comises

Les prendre et retenir de fait
- Par force et Violence les attribuer a soy
- Par fraude les faire perdre a cellup a qui sont
- Dire quon les retient soubz couleur damitie

Differer de les rendre
- Affin que temps pendent puissent prouffiter?
- Ou que par quelque moien puissent demourer
- Ou que pour les rendre on en ait prouffit

Les prester a autruy
- Affin que par tel prest on ape recompense
- Pour curiosite prester ce qui nest sien
- Pour ambicion dire estre sien ce qui ne lest pas

La sixiesme Branche Bauarice

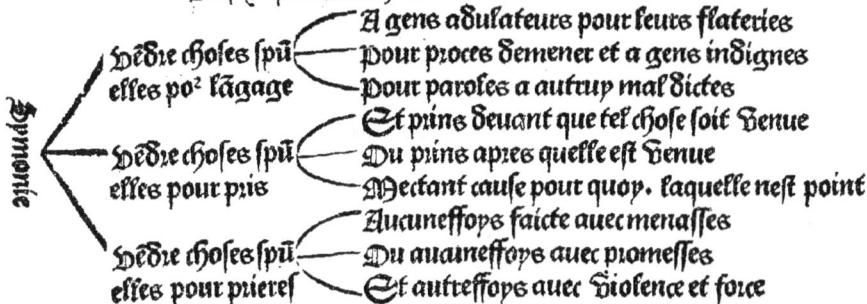

Symonie

Vendre choses spüelles po² lãgage
- A gens adulateurs pour leurs flateries
- Pour proces demener et a gens indignes
- Pour paroles a autruy mal dictes

Vendre choses spüelles pour pris
- Et pris deuant que tel chose soit Venue
- Ou pris apres quelle est Venue
- Mectant cause pour quoy. laquelle nest point

Vendre choses spüelles pour prieres
- Aucuneffoys faicte auec menasses
- Ou auaineffoys auec promesses
- Et autreffoys auec Violence et force

La septiesme Branche Bauarice

Sacrilege

Prendre chose sacree en lieu sacre
- Comme les biens deglise estre prins en leglise.
- Retenir decimes z choses aptenantes a leglise
- Prendre les biés de leglise sãs les auoir deseruis

Du chose sacree en lieu non sacre.
- Prendre biés deglises hors quelque lieu que soit
- Indignement distribuer les biens de leglise
- Home lay auoit decimes disant a luy aptenir

Du chose non sacree en lieu sacre
- Vtensiles ou quelques biens estans en leglise
- Tous biens pour seurete mys en leglise
- Choses que casuellement y sont delaissees

La huitiesme Branche Bauarice

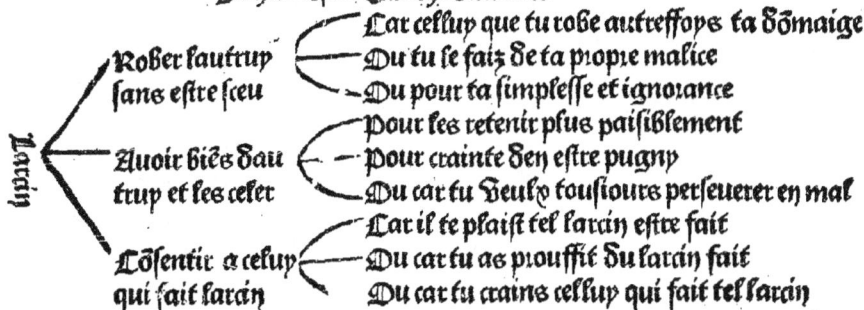

Larcin

Rober lautruy sans estre sceu
- Car cellup que tu robe autreffoys ta dõmaige
- Ou tu se faiz de ta propre malice
- Ou pour ta simplesse et ignorance

Auoir biés dautruy et les celer
- Pour les retenir plus paisiblement
- Pour crainte den estre pugny
- Ou car tu Veulx tousiours perseuerer en mal

Consentir a cellup qui fait larcin
- Car il te plaist tel larcin estre fait
- Ou car tu as prouffit du larcin fait
- Ou car tu crains cellup qui fait tel larcin

La neufuiesme branche dauarice

Estre proprietaire

- vng religieux des biens de sa religion
  - En auoir sans congnoissance de son prelat
  - Du par consentement du prelat ce quil naptient
  - Du ce quon a par licence trop appropprier a soy
- Hôme ou femme mariees
  - Quât lun a plusieurs biês sans le sceu de lautre
  - Du que lun donne trop a ses propres parens
  - Quant lun despent en son priue ses biês cômûs
- Du patrimoyne du crucefix
  - En prendre plus que nest necessite
  - Indignement et ou napartient les distribuer
  - En mauluais vsaige se despendre

La dixiesme branche dauarice

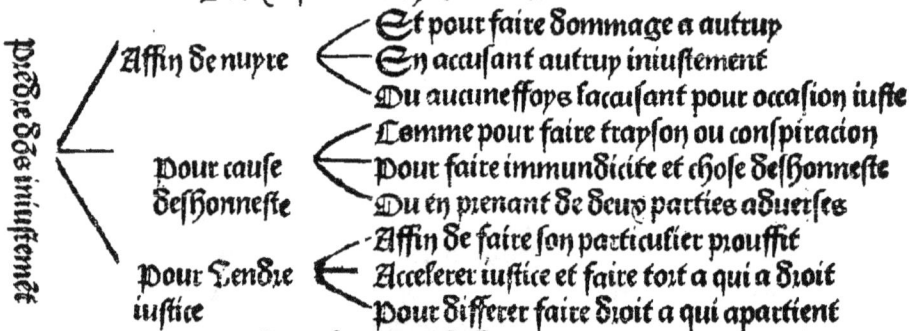

Prendre dôs iniustemêt

- Affin de nuyre
  - Et pour faire dommage a autruy
  - En acusant autruy iniustement
  - Du aucune effoys sacausant pour occasion iuste
- Pour cause deshonneste
  - Comme pour faire trayson ou conspiracion
  - Pour faire immundicite et chose deshonneste
  - Du en prenant de deux parties aduerses
- Pour rendre iustice
  - Affin de faire son particulier prouffit
  - Accelerer iustice et faire tort a qui a droit
  - Pour differer faire droit a qui apartient

La vnziesme branche dauarice

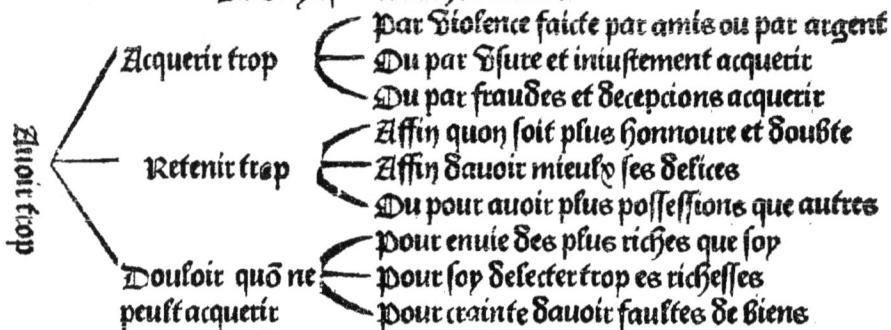

Auoir trop

- Acquerir trop
  - Par violence faicte par amis ou par argent
  - Du par vsure et iniustement acquerir
  - Du par fraudes et decepcions acquerir
- Retenir trop
  - Affin quon soit plus honnoure et doubte
  - Affin dauoir mieulx ses delices
  - Du pour auoir plus possessions que autres
- Douloir quô ne peult acquerir
  - Pour enuie des plus riches que soy
  - Pour soy delecter trop es richesses
  - Pour crainte dauoir faultes de biens

La douziesme branche dauarice

Despêdre abôdâmêt

- Choses iustemêt acquises
  - En donnant ne chault a qui indiscretement
  - En gastant desordonneement les biens quon a
  - Abusant et folement vsant et quon se scet bien
- Choses iniustement acquises
  - En les retenant contre conscience
  - faisant aulmosnes des rapines et vsures
  - Les despendans en ses charnalites
- Choses non siennes
  - En les appropriant a son singulier vsaige
  - Du les appropriant a autruy vsaige
  - Les despêdât supfluemêt a lusage de q aptiênêt

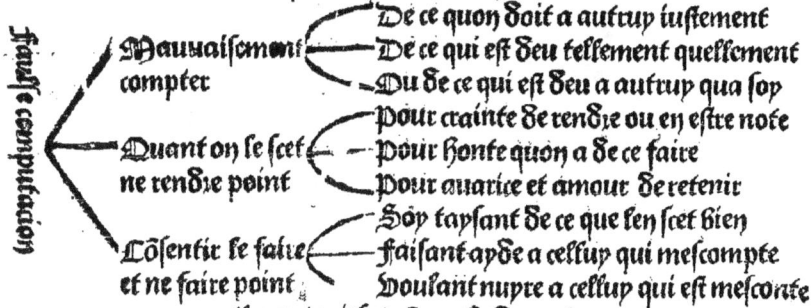

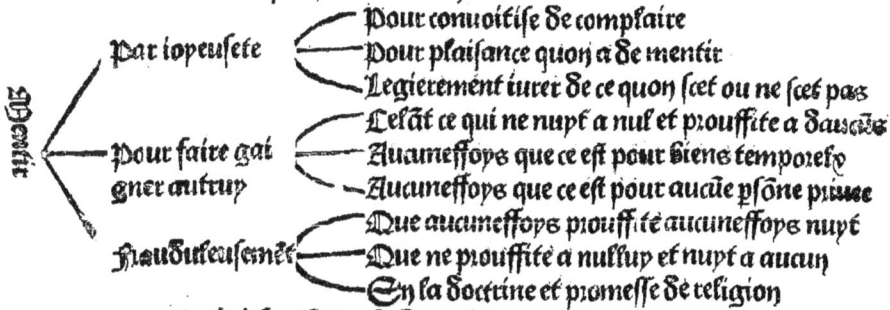

La dixseptiesme branche dauarice

Par paroles
- Doleusement pour decepuoir ou tromper
- Incautement de ce de quoy on ne scet pas
- Scientement et de ce que len scet

Par foy iterposee
- En recepuant aucun des sacremens de leglise
- En choses mesmes qui sont licites
- Du en choses qui ne sont licites

Par touchement de choses saintes
- Jurer faulx pour Vouloir decepuoir
- Du iurer Vray et cuidant iurer faulx
- Du qui iure faulx cuidant iurer Vray

paruirer

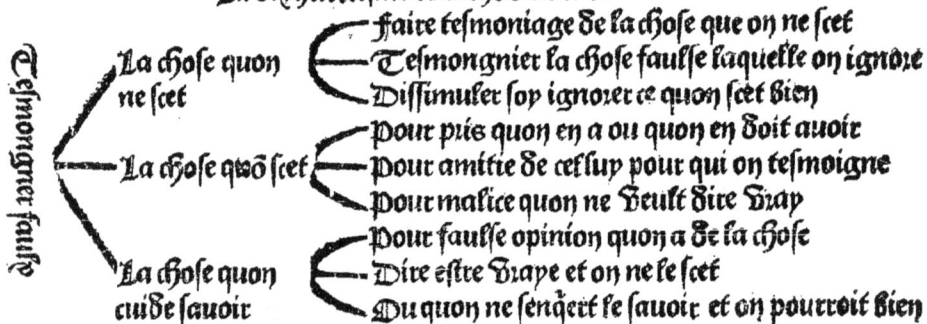

La dixhuitiesme branche dauarice

La chose quon ne scet
- faire tesmoniage de la chose que on ne scet
- Tesmongnier la chose faulse laquelle on ignore
- Dissimuler soy ignorer ce quon scet bien

La chose qwõ scet
- Pour prix quon en a ou quon en doit auoir
- Pour amitie de cestuy pour qui on tesmoigne
- Pour malice quon ne Veult dire Vray
- Pour faulse opinion quon a de la chose

La chose quon cuide sauoir
- Dire estre Vraye et on ne le scet
- Du quon ne senqert se sauoir et on pourroit bien

Tesmongnier faulx

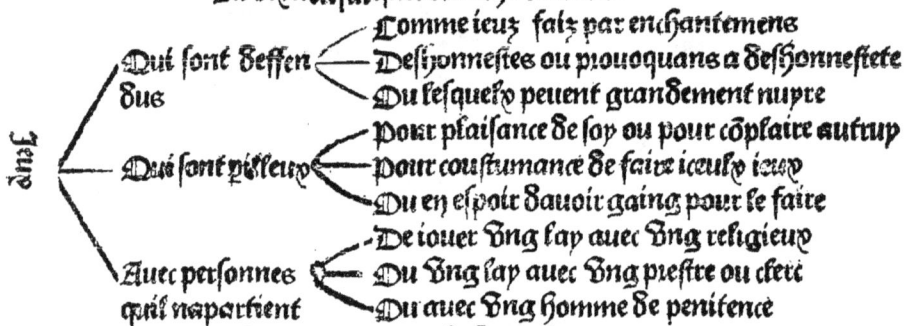

La dixneufuiesme branche dauarice

Qui sont deffendus
- Comme ieux faiz par enchantemens
- Deshonnestes ou prouoquans a deshonnestete
- Du lesquelz peuent grandement nuyre

Qui sont pilleux
- Pour plaisance de soy ou pour cõplaire autrup
- Pour coustumance de faire iceulx ieux
- Du en espoir dauoir gaing pour se faire

Auec personnes quil napartient
- De iouer Vng lay auec Vng religieux
- Du Vng lay auec Vng prestre ou clerc
- Du auec Vng homme de penitence

Jeux

La Vingtiesme branche dauarice

Pour acquerir
- feignant quon soit malade et on ne lest pas
- faire tel faintise sans necessite
- Du tellement faire pour autruy decepuoir

Pour estre oiseux
- Entre ceulx qui traueillent et labourent
- Du entre eulx faire le malade et ne lestre pas
- Du plus soy monstrer malade que on est

Pour obtemperer a sa mauluaise Voulente
- En soustenant choses aspres a soustenir
- Decepuoir par faintes parolles ou par ennuy
- Du auidãt que Viure sans riés faire soit licite

Estre Vagabond

La premiere branche de gloutonnie

Pour la saueur
- Contre le salut de son ame
- Contre la sante de son corps
- Contre salut de lun et de lautre ensemble

Pour la nouueaute
- Pour la nouueaute qui est delicieuse
- Manger fruictz deuãt que soiẽt bons et meurs
- Par composicion des condimens exquis

En diuers appareillemens
- Par coustumance de ainsi les apreſter
- Par legerete desir trop abondant sans necessite
- Par affection et plaisance quon y prent

La seconde branche de gloutonnie

En appetant
- Viandes plus precieuses quil nappartient a soy
- Moyennes viandes et non soy en contenter
- Moindres viãdes que lestat ou on est ne requert

Trop soy delectant
- En estre curieux de son ventre remplir
- Soy seruir dieu pour trop seruir son ventre
- Trop souuent manger et sans garder heure

Du soy trop remplir
- Tant comme on peult deuorer viandes
- Ne se pouoir saouler et non estre content
- Ne departir aux poures de la viande quon a

La tierce branche de gloutonnie

Par diuerses manieres
- Pour satisfaire a tous ses desirs
- Ne refuser au ventre chose qui desire
- Non refrener aucuns mauluais appetitz

Du exquesitement
- Par art autrement que les autres ne font
- Par estude combien que soit difficile a faire
- Par labeur et peine quon prent a les apreſter

Condiment
- Exquis par diuerses espesses de matiere
- Delicieux pour les doulces saueurs
- Somptueux non regarder quil couste

La quarte branche de gloutonnie

Oultre le temps requis
- Deuant heure quant nest licite et sans necessite
- Du apres quant heure licite est passee
- Du quelque heure que soit contre comandement

Plusieurs foys
- Quelque chose que tu appetes manger
- Manifestement que autruy le saiche
- Du secretement que toy seul le scez

En illicites qt
- Au temps: cõme des ieunes manger de la chair
- Au lieu: comme manger en leglise
- A la viande: cõme manger chose deffendue

e iii

Dietetic viandes delicatiues

Souffiaster

Deliciensement apreſter

Manger sans heure

La cinquiesme branche de gloutonnie

Faire exces

En quantite de Viandes
- Manger plus que nest mestier au corps
- Tant manger qui greue a lame
- Soubz couuerture destre malade exceder de manger

En trop chieres Viandes
- Non chaloir quoy coustêt maisque soiêt delectables
- Trop delectables et pour ce plus chieres
- Mespriser Viandes qui ne coustent guere

frequentant autruy table
- Pour lecherie et friandise
- Pour compaignie et affin de plus manger
- Pour saouler mieulx son appetit

⁋ fenissent les brâches et rainseaux du peche de glouton
nie qui sont cinq. cestassauoir: Querir Viâdes delicatiues.
Gousiarder. Delicieusement aprester Viandes. Manger
et ne garder point heure. Et faire exces. ⁋ Sensuiuent
les branches et rainseaux du peche de luxure: qui sont cinq
La premiere est Luxure. La seconde immundicite. La tierce
Non rendre le droit de nature a sa partie. La quarte abuser
de ses cinq sens. La cinquiesme est Superfluite.

La premiere branche de luxure

Luxure

fornicacion
- Auec toutes femmes non mariees ou Vefues
- Auec fille qui encor estoit pucelle
- Auec celles communes ou corrompues

Adultere
- Quant hôme congnoist autre femme que la sienne
- Du femme a compaignie dautre que son mary
- Du que tous deux soient en mariage

Incest
- Auec aucun ou aucune de sa parente
- Auec aucun ou aucune de son affinite
- Du que lune partie soit de religion

La seconde branche de luxure

Immundicite

De pensee
- Longue delectacion de pensee de luxure
- Donner consentement a telle delectacion
- Complaire a soy dacomplir sa pensee par euure

De corps
- Pollucion de nupt par trop de manger et boyre
- Par habitacion ou compaignie de femme
- Cogitacion mauluaise dacomplir tel euure

Du de tous deux ensêble
- Mouuoir ou attoucher la chair par delectacion
- Acomplir leuure et de Voulente naturelement
- Du aucunement non naturelement

La tierce branche deluxure

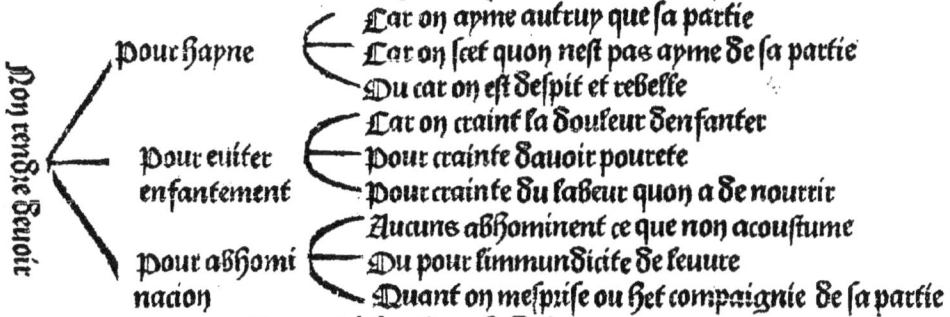

Non rendre devoir

Pour hapne
- Car on ayme autruy que sa partie
- Car on scet quon nest pas ayme de sa partie
- Du car on est despit et rebelle

Pour euiter enfantement
- Car on craint la douleur denfanter
- Pour crainte dauoir pourete
- Pour crainte du labeur quon a de nourrir

Pour abhomi nacion
- Aucuns abhominent ce que non acoustume
- Du pour limmundicite de leuure
- Quant on mesprise ou het compaignie de sa partie

La quatriesme branche de luxure

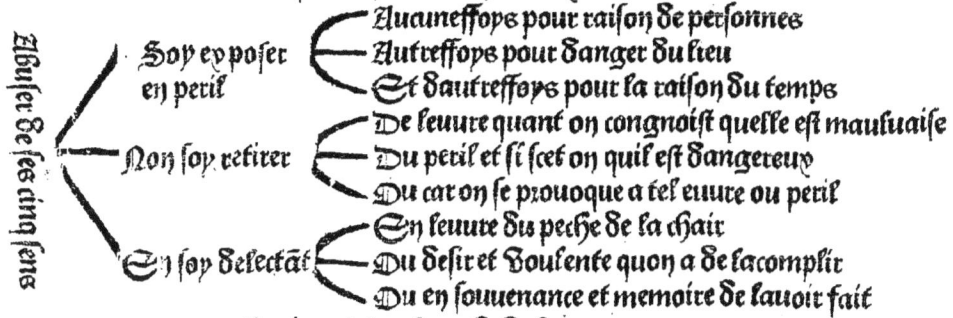

Abuser de ses cinq sens

Soy ex poser en peril
- Aucuneffoys pour raison de personnes
- Autreffoys pour danger du lieu
- Et dautreffoys pour la raison du temps

Non soy retirer
- De leuure quant on congnoist quelle est mauluaise
- Du peril et si scet on quil est dangereux
- Du car on se prouoque a tel euure ou peril

En soy delectat
- En leuure du peche de la chair
- Du desir et voulente quon a de lacomplir
- Du en souuenance et memoire de lauoir fait

La cinquiesme branche de luxure

Superfluite

En vestemens
- En ioyaux signetz aneaux ou affiquetz
- En pciosite de robes ceintures et autres abillemes
- En la composicion ou facon nouuelle ou exquise

En delices
- Par lasciuite dansans iouans ou estant opseux
- Par delectacion de corps prenant toutes ses aises
- En querant tout ce que son cueur desire

En despens
- Despendre largement pour louenge du siecle
- Donner ou il napartient a donner
- Pour ses delices auoir despendre trop du sien

¶ feniffent les branches et rainseaux du peche de Luxure
et confequemment des fept peches mortelz. Et enfupuent
les paines denfer pour les pecheurs qui nauront faitz peni
tence de leurs peches. ¶ Lesquelles paines nous a raconte
le ladre frere de Marie magdalene et Marthe que nostre
seigneur refufcita quatre iours apres quauoit este mort: et
quil auoit veu les paines qui fensupuent.

e iiii

¶ Las: et pour quoy prens tu si grant plaisir: Homme abuse
plain de presumpcion. En ce faulx monde: ou na que desplaisir
Enuie, orgueil, guerre, et dissencion. Bien maleureuse est ton
affection. Que pense tu? as tu plus grant enuie: De viure en
doubte: en ceste courte vie: Qui les mondains a sa mort denfer
maine. Cest bonne chose de viure en vie certaine. Las: tu scez
bien: si tu nest insensible: Que cest chose forte: voyre impossible:
Dauoir icy ton aise entierement: Et apres mort sa sus pareille
ment. Helas: pour tant change condicion: Et te rauise: ou tu
es autrement: Homme deffait et a perdicion.

¶ Lequel veulx tu: ou vie: ou mort choisir? Choisy des deux:
tu as discrecion. Ayme tu mieulx de ton corps le de desir: Pour
ton ame mectre a damnacion: Que viure vng peu en tribulacion
Et quapres mort soit ton ame rauie: En gloire es cieulx: qui
de nul deseruie: Estre ne peult en ceste vie humaine: Si ne
laisse terre, auoir, et demaine. Et pere, et mere, et tout sil est
possible: Et viure en peine: et en labeur terrible: En seruant
dieu tousiours paciemment. Cest le chemin qui conduyt seuremet
Apres trespas: lome a saluacion. Et qui va autrement il va
a damnement: Homme deffait et a perdicion.

¶ Cuide tu cy tousiours auoir lopsir: Dauoir pardon sans sa
tissacion: Et toute nuit en blanc lit mol gesir. Puis a seiour sans
operacion: Passer le temps en delectacion: Tant que du tout
sa chair soit assouuye. Pense tu point quil faille que on deupe:
Et que prengne fin puissance mondaine? Helas ouy: car mort
viendra soubdaine. Vne heure a toy: a tout son dart horrible.
Si tres acoup comme chose inuisible: Que pas nauras lopsir
auaunement: De dire a dieu: peccaui seulement. Ainsi mourras
tost sans contriction. Dont tu seras par diuin iugement: Homme
deffait et a perdicion.

  ¶ Homme en peril saiche certainement
  Que se tu nas autre vouloir briefuement
  De tamender: ne autre deuocion
  Tu te verras vng iour subitement
  Homme deffait et a perdicion.

⸿ Enſuiuent les paines denfer cōminatoires
des pechés. et pour pugnir les pecheurs

Oſtre ſeigneur et redempteur ieſus: bien peu auant ſa benoiſte paſſion
eſtant en bethanie: entra en la maiſon dun qui auoit nom ſymon; pour
prendre ſa refection corporelle. Et comment il eſtoit a table auec ſes apoſtres et
diſciples et le lazare frere de Marie magdalene et marthe quil auoit reſuſcité de
mort a vie. de laquelle choſe doubtoit ledit ſymon. commanda noſtre ſeigneur
audit lazare quil diſt deuāt toute la cōpaignie ce que auoit veu en laultre mōde
Adonc iceluy lazare raconta comment il auoit veu en enfer en grandes paines
Premierement les orgueilleux et orgueilleuſes. Secondement les enuieux et en
uieuſes. Tiercemēt les ireux et ireuſes. Quartemēt les pareſſeux et pareſſeuſes
Quintemēt les auaricieux et auaricieuſes. Septemēt les gloutons et gloutes
Septieſmement les luxurieux et luxurieuſes. Et conſequemment les aultres
entaches dauam pechemoitel: comme eſt monſtre cy apres

¶ Premierement
dit se sazare: Jay
veu des roues en
enfer tres haultes
en vne mõtaigne
situees en maniere
de moulins conti
nuelemẽt en grãt
impetuosite tour
nãs: lesqlles roes
auoiẽt crampons
de fer. ou estoient
les orgueilleux et
orgueilleuses pen
dus et attaches.

¶ Orgueil entre
ses autres pechez
est cõe roy maistre
z capital. Vng roy
tousiours a grant
cõpaignie de gẽs
Si a orgueil grãt
compaignie dautres vices. Et comme les roys gardent bien ce qui est a eulx: si
fait orgueil les orgueilleux sur lesquelx a seigneurie. Grant signe de reprobacion
est perseuerer longuement en orgueil. Orgueil aussi donques est vng peche qui
desplait a dieu sur tous autres vices autãt cõme humilite luy est plaisante entre
les vertus. Et nest peche que tant face sembler lõme au diable cõme fait orgueil
Car lorgueilleux ne veult estre cõme les autres hõmes: dõcques il fault quil soit
auec le pharisien cõme les autres dyables· Et pour ce que lorgueilleux se veult
esleuer sur les autres hommes le dyable en fait comme la cornisse dune noix dure
quelle ne peust casser de son bec la porte sur vne maison haulte puis la laisse cheoir
bas sur vne pierre ou elle se rompt et adonc descent et la mangue. Ainsi le dyable
eslieue les orgueilleux pour les faire cheoir/ trebucher/ et rõpre le col ou bas puys
denfer. La difference des orgueilleux aux humbles est cõme de la paille au grain
La paille est legiere veult monter hault: le vent semporte et se pert. ou le grain
pesant demeure bas sur la terre et est recueilly. La paille est bruslee ou bonnee a
menger aux bestes. Et le grain est mis ou garnier et garde pour le seruice du sei
gneur. Ainsi les orgueilleux esleuez cõme paille seront bruslez et deuorez de bestes
cruesses en enfer. ou les humbles seront mis ou garnier de nostre seigneur qui est
paradis. Pour quoy soit delaisse orgueil: et humilite aymee: car sans humilite on
ne peust acquerir les autres vertus.

Secondement dit
le lazare: iay veu
vng fleuue enge
le: auquel les enui
eup et enuieuses e
ftoiét plongies iuf
ques au nôbril z p
deffus les frapoit
vng vent moult
froit: et quât vou
loyent icelluy vêt
euiter fe plongoiêt
dedás la glace du
tout.

❡ Enuie eft dou
leur et triſteſſe en
cueur de ſa felicite
t bien dautruy Le
quel peche eft ſoue
rainement mauſ
uais par ce quil eft
contraire a charite

ſouuerainement bonne vertu. pour quoy eft grant ſigne de reprobacion par lequel
le dyable côgnoift ceulp qui ſeront dampnes. Ainſi que charite eft ſigne de ſaluacion
par lequel dieu congnoift ceulp qui ſont eſſeuz pour auoir paradis. Les enuieup ſôt
vrays compaignons au dyable. car ilz ſont compaignons a perte et a gaingz. Se
le dyable gaigne faiſant aucun mal ilz ſen eſiouyſſent auec luy. et ſil pert quât bien
vient a aucun en ſont triſtes et marrys. Les enuieux ſont tellement infectz et corrû
pus que bônes odeurs leurs ſentent mauuais. et choſes doulces leurs ſont ameres.
ſe ſont les bonnes renommees et proſperites des autres. Mais odeurs puantes et
choſes ameres qui leurs ſont doulces ſont vices diffames. aduerſites et fortunes
contraires quilz ſceuent ou oyent racôter des autres. Les enuieup quierêt leur bien
en mal dautruy. quant du mal des autres veulent guerir le leur en eulp eſiopſſans
mais ne ſe gueriſſent pas aincois de nouueau ſe tourmentent. car ilz nont point tel
lope ſans deſplaiſance et triſteſſe par quoy ſont tourmentes. Pour quoy qui quiert
ſon bien en mal dautruy il prouffite côe celluy qui quiert le feu en leau.ou les raiſins
ſur les eſpines.Leſquelles choſes faire ſôt folies.Enuie neſt que des felicites z biês
de ce môde. car la mauldicte enuie ne peult môter es cieulx. Ceſt vng peche difficile
a guerir:pour ce quil eſt ſecret. car il eſt ou cueur: ou quel medicines ſont difficiles et
dangereuſes mectre: par quoy a grant paine on en peult guerir.

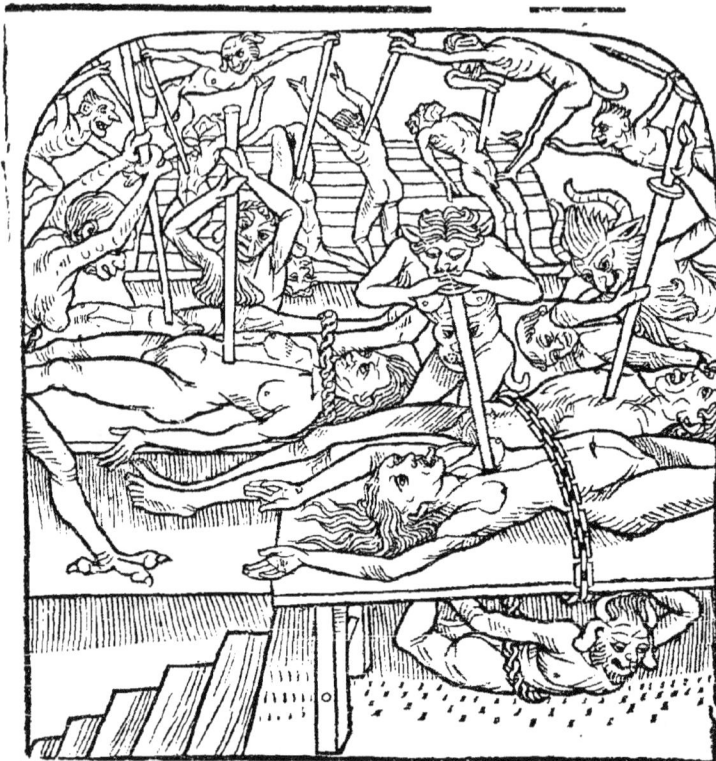

Tiercement dit le la
zare iay veu vne ca
ue et lieu tres obscur:
plain de tables et de
stauly côme due bou
cherie: ou les ireux et
les ireuses estoiêt trâ
perses de glaiues trâ
chans: et cousteaulx
agus.

Comme paix pre
pare et fait la consci
ence estre habitacion
de dieu: Ainsi ire la p
pare et fait habitaci
on du diable. ire osuf
que et pert seul de rai
son. car en hôe ireux
raison nest point. Il
nest chose qui tât gar
de lymage de dieu en

somme que doulceur paix et amour: car dieu veult estre ou est paix et côcorde. mais
ire les chasse dauec somme si que dieu ny peult demourer. Lôme ireux est semblable
a vng demoniacle qui a lennemy en soy pour quoy se tourmente debrise escume par
la bouche et crisse les dens pour la destresse que lenemy luy fait. Ainsi somme ireux
est tourmente par ire, et fait souuent pis que le demoniacle: Car sans pacience bat
femme filz filles et seruiteurs. dit iniures villanies se dône corps et ame au dyable
et dit et fait plusieurs choses illicites et dommageables. Par ire le dyable gaigne
beaucoup. aucuneffoys tout vne generacion ou tout vng pays quant ire si boute.
et apres nopses/puis vengence/cest pour tout destruire et perdre laquelle chose viêt
souuenteffoys par vng homme seul. comme vng chien ireux esmeust met en nopse
et debat plusieurs autres. Le pescheur trouble leaue que le poisson ne puisse veoir la
nasse affin quil se boute dedês. Ainsi le dyable trouble lôme par ire que ne côgnoist
les grans maulx quil fait. Et de rechef comme le corbeau premier va menger seul
de la charongne. et le dyable par ire premier oste a somme furieux seul sentêdemêt
saichant quapres ce fera plusieurs maulx: don le pire est: car somme non voyant de
leger se laisse cheoir en vne fosse. et lôme ireux ou parfont de peche pour faire grâs
maulx. Ire est porte de tous pechez. laquelle quant elle est close vertus en lôme sont
a repos. mais quant est ouuerte le couraige de somme est abandonne a mal. si que
par ire toutes vertus de luy sont mises hors.

Quartemēt dit se
lazare iay Veu Vne
sale hoirible (z tene
breuse ou auoit des
serpens grã.: et me
n⁹ ou les paresseux
et paresseuses de di
uerses moisures es
toient assaillis/na
ures maintenāt au
uisage ap̄s aileurs
en diuerses parties
du corps (z les petis
et menus serpens p
soiēt sa partie et re
gion du cueur cōme
fleiches.

¶ Plusieurs sont
paresseux a faire bi
en (z diligēs a mal
que sitz estoient dili

gens a faire bien cōme mal feroiēt des biēs maintes que par paresse laissēt a faire
Paresse est tristesse des biens spirituelz qui ordonnent somme a dieu: par quoy on
laisse a dieu seruir du cueur comme on doit de la bouche/ et par bonnes euures/ et
Vient par faulte dapmer dieu quon laisse a le seruir et faire bonnes euures. Qui
Veult dieu apmer conuient se congnoistre createur redempteur et curateur de tous
ses biens quon a et quon recoit chascun iour: cōgnoistre soy mesme pecheur: et dieu
saulueur et reparateur. Grant folpe est quant par paresse ou temps de ceste vie
Briefue on ne amasse des biens pour la vie eternelle. Cellup qui penseroit comme
apres moit ne pourra faire biens: et si naura que ceulx lesquelx son viuant aura
faitz: combien sera dolent: et les regretz quil feroit du temps de sa vie perdu par
paresse et des biens quil eust peu faire: sans doubte laisseroit paresse et prēdroit di
ligence et de son cueur se conuertiroit a bien faire. Et cōbien que plusieurs maulx
Viennent par paresse: Touteffops en y a deux foit perilleux ce sont paresse de soy
conuertir et tourner a nostre seigneur: et paresse de soy confesser. Lesquelx deux
maulx se dyable piocure tant cōme peust: car en differant soy conuertir et confesser
souuent plusieurs meurent despourueux en grant danger et peril de seurs ames.
Si le paresseux sauoit cōme viuent iopeusement seuremēt et en repos de cōscience
ceulx qui se conuertissent a nostre seigneur diligēment et se confessent souuent: Ja
nactendroit iour ne demp a soy conuertir et confesser. car bien doit sauoir que cest
chose difficile pouoir bien mourir et auoit mal vescu.   f.i.

Quintemēt dit se
lazare: iap veu des
chauderons et chau
dieres pseines de hu
iles boullians: et de
psomb et autres me
taulp fōdus: esquelp
estoient plōgies les
auaricieulp et auari
cieuses: iusques a la
gorge.

¶ On doibt sauoir
que Lauaricieulp est
Inique a dieu. Car
psus ayme gaigner
vng denier: que sa
mour de dieu. Mi
eulp ayme perdie di
eu: que perdie vne
maisse. Car souuent
pour peu de chose: il

ment/ ou iure/ ou se pariure/ et pecfie mortesement. La foy/ sesperance/ sa charite que
doiuuent estre en dieu: sauaricieulp ses met en sa richesse. Premierement foy: car il
croit mieulp auoir ses choses a suy necessaires par ses richesses que ses auoit de dieu
cōme se dieu ne se poucit aider: ou cōme se dieu nauoit sollicitude de ses seruiteurs.
Apres sauaricieulp a esperance dauoir psus de ioyes et consolacions de ses richesses
que dieu ne suy en pourroit donner: si repute la consolacion des vertus estre tristesse
Apres sauaricieulp a tout son cueur en ses biēs non point en dieu: et sa ou est se cueur
est samour: et amour est charite: ainsi sauaricieulp a sa charite en ses richesses. Laua
ricieulp pecfie en mal acquestant ses richesses en mal vsant dicesses en trop ses aimāt
et soumēt psus que dieu. Lauaricieulp se pient au trebuchet du dyable pour vng peu
des biēs tēporelp cōme sa souris se piēt en sa ratoiere pour gaigner vne noip.Et se
poisson pour vng ver se piēt a samesson et pour se ver pert sa vie quāt en prenāt il
est pris. Ainsi sauaricieulp frauduseusement acquerāt richesses se piēt a samesson du
dyable cest pecfie dauarice et achiete cfier ce quil piēt: car en prenāt se pient et se vend
et se dāne: Il est cōme se gros poisson qui māgue ses petis et en sa fin est māge quāt
il est pris. Lauaricieulp māgue ses poures et en sa fin ēser se māgera. Les auaricieulp
semblent aulp matins qui gardent sa charongne quāt seurs ventres sont plains que
ses oyseaulp mourans de faim nen māgussent. Ainsi sauaricieulp plain de biēs laisse
mourir ses poures vies desuy ou ses biēs se perdent en son hostel. Il tient ses poures
en sa subiection: Et se dyable se tient en sa sienne.

Seperent dit le
Lazare: Jay ve i e j
vngne vallée vng
feuue ord et trespu
ant au riuaige du ql
auoit vne table a
uec touaisses tres des
honestes ou ses glou
tos et gloutes estoiet
repeus de crappaulx
et aultres bestes veni
meuses et abeuurees
de leaue dud fleuue.

¶ La gorge et la
poise du chasteau du
corps de lome: mais
quant ses enne us
veullet prandre vng
chasteau silz gaignet
vnefoys la poise silz
auront apres le cha

steau. Aussi le dyable silz gaigne vnefoys la gorge de lomme par gloutonnie: facile
ment aura le remenant: et entrera dedens le corps auec sa compaignie de tous pechies
Car ses gloutons de leger se consentent a tous vices. Et pour ceste cause seroit ne
cessaire vne bonne garde a ceste poise que le dyable ne la gaignast. Car quãt on tiét
le cheual par la queulle on le meine ou len veult. si fait le dyable lomme glouton ou
il veult. Le seruiteur trop aise nourry souuent est rebelle a son maistre. Et le corps
trop remply de vin et de viande est rebelle et contumax a lesperit: si que ne veult
faire bonnes euures. Par gloutonie plusieurs sont souuent mors qui eussent vescu son
guemét: ainsi ont estes homicides de eulx mesmes. Car excés de trop boire et mãger
corrompt le corps et engendre maladie de laquelle souuent on abrege sa vie. Et ceulx qui
bien nourrissent leur corps preparent la viande que les vers mangeront. Ainsi le
glouton est cuysinier aux vers. Vng homme de bien auroit honte de estre cuysinier a
quelque seigneur. Plus donques deuroit auoit honte destre cuysinier aux vers. Ceulx
qui viuét selon le desir de sa chair viuét de la regle du pourceau: mengent sãs heure
et sans mesure. Ainsi le pourceau est comme leur abbe du quel tiennêt la regle. Par quoy
sont costrointz eulx tenir en cloistre ce est en la tauerne et comme le pourceau qui est leur
abbe coucher en sa boue cest en linfection et puanteur de gloutonnie.

ſe lazare: iap veu en
vne plaine et cham
paigne des pups par
fons plains de feu τ
de ſouffre: don yſſoit
fumee troublee τ pua
tē: es quelp ſes luxu
rieup et luxurieuſes
eſtoient.

℡ Luxure eſt ſe pe
che de tous que plus
plaiſt au dyable par
ce qſ macuſe ſe corps
et ſame enſemble. et
par ſequel il gaigne
deup perſonnes enſē
bſe. Auſſi par ce quil
ſe vāte nen eſtre poit
enfache. En quop
ſemble ſe luxurieup

eſtre plus diffoume que neſt ſe dyable en ſe ſuperhabondant de ce peche. vng mar
chāt eſt fol qui fait teſ marche du quel ſcet bien quil ſen repētira. Ainſi ſe luxurieup
a beaucoup paine et deſpent ſes biens pour acomplir ſa volupte: don apres ſe repēt
τopre de ſa paine prinſe et de ſes biens deſpendus: mais neſt pas quicte pour ainſi
ſoy repentir ſans faire ſouffiſante penitence. Le luxurieup vivant eſt tourmēte de
trois tourmēs denfer. de chaſeur de pueur et de remois de cōſaēce. Car il art par ſa
concupiſcēce. Jl eſt puant par ſon infamete: car teſ peche eſt tout puāteur qui macuſe
ſe corps ou tous autres peches ne ſe maculent point mais ſeulemēt ſame. Et ſi neſt
point luxure ſans remois de cōſaēce de loffenſe quon fait a dieu. Luxure eſt la foſſe
au dyable en laqſſe fait cheoir les pecheurs: deſquelp aucūs aidēt au dyable a eulp
gecter dedens quāt ſcientement vont pres de la foſſe en laqueſſe ſceuent bien que ſe
dyabſe les veult mectre. Pource eſt bōne choſe non eſcouter la fēme. meilleur choſe
eſt non ſa regarder. et tresbonne choſe eſt ne ſa point toucher. A ce peche appartiēnēt
ſes oides parolles villaines chanſons et atouchemens deſhonneſtes qui ſont de lu
pure: par quop on peche ſouuēt: leſquelles parolles et chanſons ne abhoirent point
maquerelſes paiſſars putains et ceulp qui frequentent et apmenſ ſeur compaignie
ou qui apment et deſirent perſeuerer en ce peche de luxure.

Qui veult vne terre faire porter fruictz en abondãce premier en doit
oster toutes choses qui sont nuysibles. et apres la bien labourer et
emplyr de bonnes semences. Ainsi doit sõme sa conscience nectoyer de tous
pechies. labourer par sainctes meditacions: et semer de vertus et bonnes
euures pour cueillir fruict de grace et vie eternelle. affin dauoir son desir
acomply de longuement viure. ¶ Puis que doncques cy deuant a este
dit des vices. Combien que grossement et legierement conuient apres
dire des vertus en ceste tierce partie du present liure. Laquelle sera comme
vng petit iardin plaisant plain de fleurs et arbres: ou quel lame contem
platiue se pourra spacier et esbatre. et par bons enseignemẽs y cueillir plu
sieurs vertus et soy edifier en bon exercite dont sera paree et aornee deuãt
son espoux Jhesucrist quãt viendra la visiter et pour demourer auec elle.
¶ Au cõmencement de laquelle partie sera loraison dominicale de nostre
seigneur ensemble vne petite declaracion precedente pour mieulx lentẽdre
et contiẽdra six parties. ¶ La premiere sera ladicte declaracion et oraison
nostre seigneur. La seconde la salutacion que fist gabriel a marie quãt elle
cõceupt son enfant ihesus. La tierce les douze articles de la foy. La quarte
les dix cõmandemens de la foy. La. v. les cinq cõmandemens de saincte
eglise. La. vi. le champs des vertus et la tour de sapience. ¶ Pour le pre
mier on doit sauoir que par loraison de nostre seigneur: cest la patenostre:
quant nous la disons nous demandons a dieu souffisãmẽt toutes choses
necessaires pour le salut de noz ames ꝗ de noz corps nõ pas seulemẽt pour
nous: mais pour tous autres: et pour ceste cause on doit auoir ladicte orai
son en grande contemplacion et la dire a dieu reuerẽment et deuotement.
Aux ieunes gens et autres qui ne la sceuẽt on la doit aprẽdre et enseigner:
et leur dire que se plainemẽt et clerement ne la peuẽt entẽdrel neãtmoingz
leur prouffite comme a ceulx qui lentendent pour acquerir grace et miseri
corde de nostre seigneur et finablement sa gloire maisquen vraye foy/cha
rite/et amour de luy soit dicte. ¶ Ladicte oraison cõtient sept peticions et
requestes quon fait a dieu quant on la dist. et par chascune desdictes peti
cions on peult entẽdre sept autres choses. Cestassauoir les sept sacremens
de saincte eglise: lesquelz fermement on doit croire. Les sept dons du saint
esperit: lesquelz humblement doiuent estre reuerez. Les sept armures de
iustice spirituelle quon doit vestir pour batailler contre les vices. Les sept
euures de misericorde corporelle: et sept de misericorde spirituelle lesquelles

f iii

piteaſſement oŋ doit faire et acomplir. Les ſept Vertus puincipales leſ
quelles diligément oŋ doit acquerir. Et les ſept Vices capitaulx qui ſont
ſept pechez mortelx: leſquelx tout homme doit euiter et fouyr. ¶ Ladicte
declaracioŋ eſt telle: Premierement ſus la premiere peticioŋ. Noſtre pere
qui es es cieulx ſainctifie ſoit toŋ nom. Par laquelle peticioŋ nous reque
rons a dieu noſtre pere createur omnipotent que ſoyons ſes filz: car autre
mét ne pourroit eſtre dit noſtre pere. et que ſoŋ nom ſoit ſainctifie de nous
plus que nulle autre choſe. pour quoy recepuons le ſacrement de bapteſme
ſans lequel nul ne peult eſtre filz de dieu. ne ſainctifier le nom de dieu. et
recepuons le doŋ du ſaint eſperit dit le doŋ de ſapience pour ſauoir honno
rer et reuerer dieu le pere et dieu le filz. Nous Veſtons le auſergoŋ de hu
miſite contre orgueil: et reueſtons les poures nus corporellement: auons
compaſſion des indigens ſpirituellement. acquerons eŋ nous la Vertu de
prudence: et euitons le Vil peche dorgueil. ¶ La ſeconde peticioŋ. Toŋ
royaulme nous aduiengne. Par laquelle peticioŋ pour tant que le nom
de dieu ne peult eſtre parfaictement ſainctifie de nous eŋ ce monde: luy re
querons ſoŋ royaulme: ou quel parfaictement le ſaintifierons: et du quel
ſerons heritiers comme ſes vrays enfens. Laquelle peticioŋ nous donne
entendre le ſacrement de preſtriſe: par lequel ſumes inſtruitz a faire bônes
euures: et le doŋ du ſaint eſperit dit doŋ dentendement: pour ſauoir deſi
rer le royaulme de paradis. Si nous armons du eaulme de largeſſe côtre
auarice: dônons a menger a ceulx qui ont fain corporellemét: et corrigons
les diſſolus ſpirituellement. ainſi acquerons eŋ nous la Vertu de force: et
euitons le peche dauarice. ¶ La tierce peticioŋ. Ta Voulente ſoit faicte
eŋ la terre comme au ciel. Et car la vray Voye pour aler eŋ paradis eſt
faire la Voulenté noſtre ſeigneur ceſt que ſes cômandemens ſoient acôplis
Par ceſte peticioŋ luy faiſons obeiſſance de noz aieulx quant luy requerôs
faire ſa Voulente: qui nous donne entendre le ſacrement de mariage: par
lequel oŋ euite fornicacioŋ et le doŋ de conſeil du ſaint eſperit pour Verita
blement ordonner noſtre obedience. Si nous armons du bloquer de conſo
lacioŋ contre enuie. donnons a boyre a ceulx qui ont ſoif corporellement:
et enſeignons les ignorans ſpirituellemét: par quoy acquerons la Vertu
de iuſtice: et euitons le peche denuie. ¶ La quarte peticioŋ. Noſtre pain
cothidiaŋ donne nous auiourduy. Par laquelle peticioŋ requerôs a dieu
eſtre ſubſtentes de pain materil pour noz corps. et de pain ſpirituel pour
noz ames ceſt du pain de Vie le corps de iheſucriſt.par quoy nous recepuôs
le ſacrement de lautel eŋ memoire de ſa paſſion et deſirons auoir le doŋ de
force du ſainct eſperit pour eſtre ferme eŋ la foy creſtienne. Prenons le glai
ue de pacience contre le peche de ire. Viſitons les malades corporellement:

et paccfions les discors spirituellement. Acquerons en nous la vertu
d'attrempence: et euitons le peche de ire. ¶ La cinquiesme peticion.
Et nous pardonne noz pechez cōme a tous nous pardōnnons. Es
trois peticions sequentes nous requerons a dieu que soyons deliures
de tous maulx qui sont trois en nōbre. Le premier et le pire est mal de
coulpe celluy qui est ia cōmis et que cōmectōs par peche mortel. et par
ceste peticion demandons a dieu quen soyons absoulz. Nous en dōne
pardon par sa misericorde. par quoy nous entendons le sacrement de
penitence et la remission des peches. Le don du saint esperit dit don de
science: pour sauoir faire bōnes euures et euiter les vices. Si vestons
les chausses de legerete contre paresse. Visitons et confortons poures
prisonniers corporellemēt. et dōnons bon cōseil aux desolez et decōfor
tes spirituellemēt. acquerōs en nous la vertu de foy & euitōs le peche
de paresse. ¶ La sixiesme peticion. Et ne seufre pas que nous soions
vaincus en temptacion. Pour le second mal qui nest pas cōmis mais
peult aduenir. et y pouons encheoir par moien de tēptacion. Si reque
rons a dieu par ceste peticion que soiōs fermes et perseuerās en bōnes
euures et en sa vertu de esperance. et fors pour resister aux tēptaciōs
A quoy nous vault le sacremēt de cōfirmacion qui nous dōne certitu
de du bien que nous esperōs moiēnēt le don de verite du saint esperit
qui nous fait perseuerer en nostre credēce. Si doit on prandre la lance
de sobriete contre le peche de gloutonnie. Et recepuoir en sa maison
poures pelerins estrangiers corporellement. pardonner les offenses a
soy faictes spirituellement. car ainsi on acquiert la vertu de esperance
et euite len le peche de gloutonnie. ¶ La septiesme peticion. Mais
garde nous de mal amen. Le tiers mal est mal de paine & toute chose
qui empesche de seruir a dieu. du quel mal et de tous nons requerons
par ceste peticion estre deliures et que soiōs saulues en paradis. disōs
amen. cest a dire ainsi soit fait cōme nous desirōs. Par quoy recepuōs
le sacremēt de derraine vnction qui nous baille certainete de la vope
de salut. auec le don de crainte du saint esperit. par quoy doubtons le
diuin iugement et saingnons noz rains du baudrier de chastete cōtre
luxure. Si enseuelissons les mors corporellement: et prions pour noz
ennemis spirituellement. Acquerons en nous la vertu de charite: et
euitons le peche de luxure. ¶ Autre declaracion de la patenostre.
¶ Nostre pere tressouuerain merueilleux en creacion. Doulx a aimer &
riche de tous biens: q es es cieulx miroer de trinite. courōne de iocūdite
et tresor de felicite. Sainctifie soit ton nom tāt quil soit miel en nostre
bouche. harpe doulcemēt sonnant en noz oreilles. et deuocion perseue
rante en noz cueurs. Ton royaulme nous aduiengne ou quel serons
ioyeulx sans aucune tristesse. en repos sans perturbacion. et asseures

Nostre pere qui es es cieulx. Sainctifie soit ton nom.
Ton reaulme nous aduiengne. Ta Bolente soit faicte
en la terre comme au ciel. Nostre pain cothidian donne
nous auiourduy, Et nous pardone noz pecchez comme
ia tous nous pardonnons. Et ne seuffre pas que nous
soies Baincus en teptacion, Mais garde nous de mal. a

Je te salue marie pleine
de grace nostre seigneur
est auec toy.

de iamais ne se perde. ❡ Ta Bolente soit faicte en la terre côme au ciel. si que nous
haissons tout ce que tu hez, que nous aimôs tout ce que tu aime, et que nous faisôs
tousiours tes commandemens. Nostre pain cothidian donne nous auiourduy: cest
assauoir pain de doctrine, pain de penitence, et pain pour noz corps substenter. Et
nous pardone noz pechez que auôs faiz contre toy, contre noz piouchains, et côtre
nousmesmes. Ainsi comme nous pardonnons a tous ceulx qui nous ont offensez ou
par paroles, ou en noz corps, ou en noz biens. Et ne seuffre pas que soiôs Baincus
en temptacion, cestassauoir du môde, de la chair, ou du dyable. Mais garde nous
de mal. fait et passe, present et aduenir. Amen. ❡ En lystoire cy dessus faicte
pour simples gens est côtenue la patenostre ʒ saincte oraison qui se dit a dieu le pere
a dieu le filz, et a dieu le saint esperit, et non a autre. Laquelle oraison contient et cô
pient tout ce que sen peust iustement a dieu demander. Et nréseigneur ihesucrist la
fist affin que plus grande esperance et deuodon y ayons, et ce fut quât Bnesfoys en
doctrinoit ses apostres les enhortant specialement de faire oraison. Et iceulx côme
bons disciples desirâs de prouffiter se puierent hublemêt disant. Seigneur et maistre
apien nous a orer. Adôc nostre seigneur ouurit sa sacree bouche disant. Quant Boul
dries faire oraison dires. ❡ Nostre pere qui es es cieulx: Sainctifie soit ton nom.
Ton royaulme nous aduiengne. Ta Bolente soit faicte en la terre comme au ciel.
Nostre pain cothidian donne nous auiourduy. Et nous pardone noz peches côme
a tous nous pardonnons. Et ne seuffre pas que nous soyons Baincus en têptacion
Mais garde nous de mal. Amen.

Tu es benoite sur toutes femmes. et benoist est le fruit de ton ventre iesus.

Saincte marie mere de dieu prie pour nous pecheurs Amen.

La salutacion qua fait gabriel a nostre dame est en listoire deuant
et deux autres parties de saue maria sont en lystoire cy dessus.

¶ Secondemēt au liure de iesus ensuit saue maria et est tel. Je te salue marie plaine
de grace nostre seigneur est auec toy. Tu es benoiste sur toutes femmes et benoist est
le fruit de ton vētre iesus. Saicte marie mere de dieu prie pour nous pecheurs Amē
En laquelle aue maria sōt trois mysteres. Le premier est salutacion qua fait lange
gabriel. Le second est louenge et commendacion qua fait elizabeth mere saint iehan
Baptiste. Le tiers est supplicacion qua fait scē eglise. Et sōt les plus belles parolles
que puissions dire a nostre dame que saue maria·ou nous la saluons·louōs·priōs·
et parlons a elle. Et pour ce seulement se dit a elle: et non mie a saincte haterine ou
a saincte barbe ou a autre saincte ou saint. Et se tu me demande cōment doncques
prierons nous les sains et les sainctes. Je te respons quon les doit prier ainsi que les
prie saincte eglise: en disant a sainct pierre: Monseigneur saint pierre prie dieu pour
nous. Monseigneur saint estienne prie dieu pour nous. Ma dame saincte haterine
prie dieu pour nous. Ma dame saicte barbe prie dieu pour nous. Mōseigneur saict
denis prie dieu quil nous doint sa grace·quil nous pardōne noz pechez·nous doint
faire sa voulente·penitēce·et garder ses cōmandemens·nous doint paix·pacience·
humilite·et les autres vertus. Et ainsi prierons les sains et les sainctes et les
anges selon la necessite que nous aurons.

Je croy en dieu le
pere tout puissãt
createur du ciel
et de la terre

Et en iesucrist
son filz vn seul
nostre seigneur

Qui fut conceu
du saint esperit
ne de la vierge
marie

Souffrit dessoubz
ponce pylate fut
crucifie mort
et enseuely

Descendit es
enfers le tiers
iour resuscita
de mort

Monta es cieulx
se siet a la dextre
de dieu le pere
tout puissant

¶ Tiereme.nt ou liure de iħesus et science salutaire. Sensuit le credo ou sont
les douze art cles de la foy: que nous deuons tous fermement croire: sur paine
de dampnacion. et a este fait et cõpose par les douze apostres de nostre seigneur
desquelx vnchascũ apostre a mis son article cõme est mõstre en listoire cy dessus
et es personnaiges cõtenus en icelle: tant dune part que daultre. Et est nre foy
catholique contenue en ces articles le cõmencement de nostre salut: sans lequel
nul ne peult estre saulue ne faire chose qui soit agreable a dieu Et doit estre foy
ou cueur parcongnoissance de dieu. en la bouche par confession et louenges de
luy: en operacion par exercite de ses cõmandemes et bonnes euures. lesquelles
demonstrēt ceulx qui les font auoir vraie foy et viue cest a dire vertueuse pour
les saulues. Et combien que la foy en cueur soit bonne: et celle en bouche aussi:
touteffois la meilleure est celle qui gist es bõnes euures que lon fait celle mesme
foy qui est en la bouche est ou cueur car il nest que vne foy cõe il nest que vn dieu
¶ Sesupt doncques le credo du quel le premier article a mis saint pierre disãt:
Je croy en dieu le pere tout puissant createur du ciel et de la terre. Saint andre
le second disãt. Je croy en iesucrist son filz vn seul nostre seigneur. Saint iaques
le grant le tiers disant. Je croy qui fut conceu du saint esperit: nez de la vierge
marie. Saint iehan le quart disant. Je croy quil souffrit dessoubz ponce pylate
fut crucifie mort ēenseuely. Saint thomas le cinquiesme disant. Je croy quil de
scēdit es enfers le tiers iour resuscita de mort Sait iaques le mineur le sixiesme
disãt. Je croy quil mõta es cieulx se siet a la dextre de dieu le pere tout puissant.

En apres Vié | Je crop en | La saincte | La cômunion des | La resurrection | La Vie
dra iuger les | saint | eglise | sains sa remis | de sa chair | eternelle
Vifz ⁊ les mois | esperit | catholique | sion des pechez | | Amen

Saint phelippe se septiesme disant. Je crop que en apres Viendra iuger les vifz
et les mois. Saint barthelemy le huitiesme disant. Je crop en saint esperit. Saint
mathieu le neufuiesme disât. Je crop la saincte eglise catholique. Saint simon le
dixiesme disant. Je crop la communion des sains la remission des peches. Saint
iude se Enziesme disant. Je crop la resurrection de sa chair. Saint mathias le
douziesme disant. Je crop la vie eternelle Amen. ¶ Et cestup saint credo tout
hôme et toute femme doit sauoir puis que on a vsaige de raison. Et se doit dire
chascun iour matin et soir deuotement: car cest vne moult grant deuodon. Et
pour ce se bon crestien tâtost qui se lieue de son sit et est abisse ⁊ Vestu se agenouille
empres son sit ou aisseurs: et premieremêt se seigne du signe de la croix: puis dist
Credo in deû. Ou Je crop en dieu se pere tout puissant: côme cp dessoubz ensupt
apres la patenostre a dieu. et a nostre dame saue maria. Et se recommâde a son
bon ange: en sup faisant telle oraison se autre ne sup scet faire disant. Mon bon
ange garde mop bien. Pareillement au soir quant on Va reposer se doit faire a
tout se moins se iour deux fops au matin et au soir.

⸿ Sensupt se credo comme on se doit dire

¶ Je crop en dieu se pere tout puissant createur du ciel et de la terre. Et en ihe
sucrist son filz Vn seul nrêseigneur. Qui fut côceu du saint esperit ne de la Vierge
marie. Souffrit dessoubz ponce pysate fut crua fie mort et enseuely. Descendit es
enfers le tiers iour resuscita de mort. Môta es cieufp se siet a sa deptre de dieu se
pere tout puissant. En apres Viendra iuger les Vifz et les mois. Je crop en saint
esperit. La saincte eglise catholique. La communion des sains sa remission des
peches. La resurrection de sa chair. La Vie eternelle. Amen.

Dix cõmandemẽs de la loy

Ung seul dieu tu adoreras
et aymeras parfaictement.
Dieu en vain ne iureras
naultre chose pareillement.
Les dimenches tu garderas
en seruant dieu deuotement.
Pere et mere honnoreras
affin que v3ues longuement.
Homicide point ne feras
de fait ne volentairement.
Luxurieux point ne seras
de corps ne de consentement.
Lauoir dautruy tu nembleras
ne retiendras a escient
Faulx tesmoingnage ne diras
ne mentiras aucunement.
Loeuure de chair ne desireras
quen mariage seulement.
Bien dautruy ne couuoiteras
pour lauoir iniustement.

Quartement au liure de ihesus sont ses .x. cõmandemẽs de la loy. Lesquelz se saint
hõme moyse en la mõtaigne de sinay receut de dieu et les bailla au peuple. et iceulx
cõmandemens doiuẽt garder et acomplir sur paine destre dãnez en corps et en ame
tous et toutes qui ont entier vsaige de raison. Car sãs cõgnoissãce diceulx cõuena
blemẽt on ne peult euiter ses pechez ne les cõgnoistre et soy en veritablemẽt cõfesser
Pour quoy lignorãce diceulx venue par desir affection ou malice ne excuse poit ceulx
qui ne les sceuẽt mais accuse et cõdẽne et pour ce nre seigneur cõmãde quõ les ait en
meditacion en sa maison et dehors en dournãt et en veillãt et en toutes euures et aisi
on est tãt oblige de garder que cessuy q ne auroit oy parler ne ne cuideroit mal faire
si se en trespassoit vng volẽtairemẽt deliberemẽt moult aisi seroit dãne par durable
mẽt. et par ce appart lignorãce des cõmãdemẽs fort perilleuse. Pour quoy chascun
estudie pour les sauoir et les aprẽdre a ceulx et celles desquelz on rendra compte.

¶ Quatre benedictions que auront ceulx
qui garderont les cõmandemens de dieu.

¶ Mes toutes tes affections A tenir et garder ta loy. Les quatre benedictiõs De
dieu si descendront sur toy. ¶ Car tu seras premierement Paisiblement en ta cite
Sans auoir nulle aduersite Ne souffrir nul encombrement. ¶ Ton champt sera
secondement Plain de eureuse fertilite Et viẽdra a maturite Ton ble ton grain
et ton froumẽt. ¶ Et si te assure tiercement Ta fẽme aura fecõdite Et auras ta
necessite Des biens mondains souffisãment. ¶ Dieu te gardera quartement De
mauuaise sterilite Car ta terre aura a plante Arbres fruictz et biẽs grãdement.

.v̄. gmādemēs saicte eglise.

Les dimenches messe ouras
et les festes de commandement
Tous tes pechés confesseras
a tout le moins bnefops lan
Et ton createur receputas
aumoins a pasques humblement
Les festes sanctifireas
qui te sont de commandement
Quatre tēps bigilles ieuneras
et le caresme entierement.

Quintement au liure de Jhesus sont les cinq cōmandemēs de saincte
eglise que doiuent garder tous ceulp et celles qui ont bsaige de raison
selon quil sera possible. Et est dit selon quil sera possible. pour ce que
lomme ou la femme qui ne se pourroit confesser. Du ouyr la messe. Du
recepuoir nostre seigneur a pasques. Du garder la feste commandee.
Du la ieune doūligaciō: quāt auroit boulēte doβeir puis quil seroit
legitimement empesche ne pecheroit mie. Mais se garde lomme ou la
femme que auarice/paresse/ou desir de beoir esbatemens mondains:
comme danses/ieup/ou bateleurs/ou despuisement de saincte eglise ne
soit cause quil nestrengne et trespasse le cōmādemēt affin quil nencoure
damnaciō. de quop nous gart la misericoide de Jhesus.

℧ Jcp est a noter que la transgressiō des commandemens de saincte
eglise oblige a peche mortel et par consequant a damnaciō cōme fait
lobligaciō des cōmandemens de la loy desquelp auons deuant parle
Car ceulp qui opent les prestres faisans les commandemens en leglise
aup dimenches heure de messe parrochiale: et acomplissent iceulp com
mādemens opent dieu et font sa boulente. Mais ceulp qui mespuisent
les prestres en tel cas et ne font leurs cōmandemens selon loiβonance
de leglise mespuisent dieu et pechent mortelement.

¶ O dieu du haultain firmament Mon vessel souffle plain dordure
Par mon mauluais gouuernement Nage en mer en grant aduenture
Le vessel cest sa creature Et tout ce qua luy appartient
Cest desir mondain qui peu dure Dont peu souuent nous en souuient.
¶ Naturellement cheminer Il me conuient vng iour auant
Et ne say comme gouuerner Mon vessel derriere ou deuant
Jen ay le cueur triste et dolent Moy qui suis en mon ieune eage
Car ie men voys tout en parlant Comme passe vent ou orage
¶ De grant peur le cueur me depart Car faire me fault partement
Dicy: et ne say quelle part Tirer: pour mon auancement
Mon dieu mon pere qui ne ment Se mon vessel nest conuoye
Par vous: a port de sauuement En peril suis destre noye.
¶ Ancrer me fault en ceste mer Tant qua mon createur plaira
Duung voyage doit estre amer Quant on ne scet ou on pra
Ne le iour que on partira Plus y pense et plus mennoye
Cil qui me fist et deffera Me conduise la droicte voye.
¶ Neantmoingz a mô dieu ie cômetz Mon voiage et tout mon affaire
Et en sa grace ie me metz Mieulx ne me seroye ou retraire
Il scet ce qui mest necessaire Si le requier apres tous dis
Quen fin taye pour tout salaire Le royaulme de paradis.
¶ Helas quel dure departie Quant il ny a point de deport
Pour dieu soiez de ma partie Vierge marie: mon seul confort
Faictes moy ancrer a bon port Mon vessel et le gouuernal
Arriere du puant et ort Lieu damnable gouffre infernal
¶ A dieu ie men voys sans actendre Mon chemin: car ie suis souplis
Puis que mon voyle ay voulu tendre Et que le nauiron ay pris
Jamais ie ne seroye repris De cheminer le droit chemin
Que noz ancestres ont apris Et qui deuant nous ont pris fin.
¶ Ce parcoy ie a perdicion Mon vessel esgare en mer
Pour finable conclusion Mon voyage me fault finer
Vray dieu veulles moy deliurer Du damne sathan plain denuie
Et mon ame en gloire mener En saincte et pardurable vie

¶ Nos sumus in hoc mûdo: sicut nauis super mare. Sęper eȝ in periculo
semper timet accusare. Preuigilanti oculo: nos oportet remigare
Ne bibamus de pocufo: dire mortis et amare.
Est homo res fragilis auris opressa labore Mortis/ iudicij/ baratri pro
pria timore. Si virtus sola tutam dat ducere vitam. Virtus sola potest
eternam condere famam Felicem merita faciunt: non copia rerum).
Grandia non dicant: dicat bene grandibus vti.

Discite mortales
ꝗ ſint moꝛtalia vana
pꝛeceſſere patres matres/
magniqz parentes
Nos ſequimur. paribus
ad moꝛtem paſſibus imus
unde ſuperbimus
in terram terra redimus
Nuper non fueram/nec ero
poſt tempoꝛe pauco
Milia nunc putaunt
ꝗuoꝛum iam nulla voluptas
perdita fama ſilet
anima anꝛia foꝛſitan ardet
ꝗui finem attendit feliꝛ
ꝗui bene vivit
ergo quiſquis ades pꝛecoꝛ
et ſta/perlege/penſa
Moꝛtem pꝛemetuens/
veniam pcte/coꝛ tere/ploꝛa
De reliquis cautus bene fac
te crimine serua
vive moꝛi pꝛeſto
munda ſub mente quietus
Semita non virtus
deus optim9. anchoꝛa. poꝛtus
feliꝛ qui potuit tam tutum
tangere poꝛtum
Sed miſer eſt quiaunqz
cadet ſub peſte gehenne

Lhôme moꝛtel viuant au monde bien eſt compare au nauire ſus mer ou riuiere
perilleuſe poꝛtant riches marchandiſes lequel ſe peult venir au poꝛt que ſe marchãt
deſire icelluy ſera eureuꝛ ⁊ riche. Le nauire des quil entre en mer iuſques a fin de ſon
vopage iour et nuit eſt en cõtinue peril deſtre noye/robe/ou pꝛins des ennemis. car
en mer ſont perilz ſans nombꝛe. Tel eſt le coꝛps de lôme viuant au monde/ſa mar
chandiſe eſt ſon ame/ſes vertus/et bônes euures/le poꝛt eſt ſa moꝛt ⁊ paradis pour
les bons. quicõque p paruient eſt eureuꝛ et ſouuerainemêt riche. La mer a paſſer eſt
ce monde plain de fauſſete/de peches/et dennemps/ou qui fault a paſſer eſt en peril
de perdꝛe coꝛps/et ame/et tous biens/et de eſtre noye eternelement en la mer denfer:
De quop dieu nous gard Amen.

EN cheminant plus oultre ou champs des Vertus et en la Vope de
salut pour Venir a la tour de sapience necessairement conuient ay
mer dieu: car sans amour de dieu on ne peust estre saulue: et qui se Veult
aymer premier se doit congnoistre: car de sa congnoissance on Vient a son
amour qui est charite la souueraine des Vertus. Ceulx congnoissent dieu
et laymment qui font ses commandemens: et ceulx lignorent qui ne les font
mie: aux queulx en grande necessite de leur trespassement: et au iour du
iugemet les ignorera et leur dira: Je ne Vous congnois et ne say qui Vous
estes: alez mauldis hors de ma compaignie. Congnoissons doncques dieu
et laymons: et se ainsi Voulons faire: congnoissons premierement nous
mesmes: car par congnoissance de nous Viedrions a Jgnoissance et amour
de dieu: et tant plus nous congnoistrons tant mieulx congnoistrons dieu:
mais se sumes ignorans de nous ia naurons congnoissance de dieu. ¶ A
ce propos fault noter Vne chose et en sauoir sept: La chose quon doit noter
est. Qui congnoist soymesme congnoist dieu et ia ne sera damne: et qui ne
se congnoist ousst ne congnoist dieu: et ia ne sera saulue: entendu de ceulx
qui ont sens et discretion auec laage requis pour sauoir congnoistre. de la
quelle congnoissance nulluy nest excuse apres quil a peche mortellement:
pour dire quil en soit ignorant. Par cecy appart lignorace de soy et de dieu
tresperilleuse peche mortel et commancement de tout mal: et le contraire
congnoissance de dieu et de soy tresnecessaire souueraine science et Vertu
commancement de tout bien. ¶ Les sept choses quon doit sauoir sont pre
mierement Les articles de la foy: lesquelz on doit croire fermement. Jtem
les peticions contenues en loraison nostre seigneur: par lesquelles on luy
demande toutes choses necessaires pour son salut et quon doit esperer de
luy. Jtem les commandemens de la loy et de saincte eglise qui enseignet
ce quon doit faire et ce quon ne doit mie faire. Jtem de quelle Vocacion on
est: et les choses appartenantes a icelle. Jtem se on est en grace de nostre sei
gneur ou nom: et combien que on ne le puisse sauoir certainement: toutef
fois on en peust auoir aucunes coniectures lesquelles sont bones a sauoir
Jtem congnoistre dieu. Jtem congnoistre soy mesme. Par lesquelles sept
choses on Vient a la Vraye amour et charite de dieu pour faire ses coman
demens et meriter le royaulme de paradis: ou quel on Viura longuemet.
¶ Des trois premiers est assez dit: cestassauoir des vii articles de la foy:
esquelz gist nre foy et credence. et des choses que deuons demander a dieu
esquelles gist nostre esperance. Aussi des commandemens de la loy: et de
saincte eglise ou se demonstre charite en ceulx qui les acomplissent. Car

probacion damour de dieu et faire ses commandemens et bonnes euures.
Reste dire des autres quatre. et premierement de sa vocacion en quoy on est
qui est la quatriesme chose que tout homme doit sauoir. ¶ Tout homme
doit sauoir sa vocacion et les choses apartenantes a icelle estre iustes et hon
nestes pour son salut et le repos de sa conscience. Ung bergier doit sauoir
lart de bergerie/gouuerner brebis/les mener en bone pasture/ et mediciner
quant sont malades/tondre quant la saison est: que par sa faulte nensuiue
dommaige a son maistre. Cellup qui laboure la vigne doit congnoistre le
boys qui doit aporter fruit et couper le mauuais et selon les temps et lieux
bailler les facons que le maistre a qui apartient nen soit dommaige. Ung
medecin doit sauoir conforter et guerir malades silz sont guerissables sas
ignorer lart de medecine. Ung marchant doit cognoistre et desirer sa mar
chandise sans frauder autruy plus que vouldroit estre. Ung aduocat ung
procureur doiuent sauoir les drois et coustumes des lieux que par leur faul
te iustice ne soit puertie. Ung iuge doit cognoistre des parties oyes laqlle
a droit: et laqlle a tort: et rendre a chascune ce quelle doit auoir. Ung prestre
ung religieux doiuent sauoir leurs reigles et garder: et sur tout doiuent
sauoir la loy de dieu et enseigner a ceulx qui ne la seuent. Et ainsi des au
tres vocacios. car tout home qui ne scet sa vocacion nest digne dy estre: et
vit en continuel peril de son ame pour ignorance de ne la sauoir. ¶ La cin
quiesme chose que tout home doit sauoir sil a entendement et aage de discre
cion cest. Sil est en grace et amour de dieu ou non. Et combien que soit tant
difficile que dieu seulement le congnoist: toutesfoys on en peult auoir con
iectures qui le demostret et souffisent pour sauoir a bergiers et simples ges
se ilz sont en amour de nostre seigneur et silz en ont coiecture dy estre pour
ce ne se doiuent re puter iustes ainsoys se doiuet plus hummilier et demander
sa misericorde qui fait les pecheurs deuenir iustes et non autre chose. Prin
cipalement on doit sauoir ceste science ou temps que on veult recepuoir le
corps de Jhesucrist: car qui le recoit en sa grace recoit son sauluement: et qui
ne le recopt en sa grace recopt son dampnement. de laquelle chose chascun
est iuge de soy mesme et de sa conscience non autre. ¶ Les coniectures pour
congnoistre si on est en grace de dieu sont premierement quant on a tra
ueisse de nectoier sa conscience et faire belle son ame par penitence: autant
comme on traueilleroit pour gaigner quelque grant bien: ou pour euiter
quelque grant mal.et quon ne soit coulpable daucun peche fait ou en vou
lente de faire ny en aucune sentence: lors est coniecture quon soit en grace
de nostre seigneur. La seconde coniecture qui se monstre pareillement est
quant on est pstre prompt et diligent a garder les comandemens de dieu

et faire bonnes euures que lon auoit acoustume. La tierce est quant on oyt
voulentiers la parole de dieu ses predicacions et bons conseilz pour son
salut. La quarte est quãt on a douleur et contriction ou cueur dauoir com
mis et fait peche. La cinquiesme est quant on a propos et voulente de soy
abstenir et garder de pecher ou temps aduenir. Ces coniectures sont par
lesquelles bergiers et simples gens sceuent silz sont en grace de nreseigneur
ou non autant comme a eulx est possible de sauoir. La sixiesme chose
que tout hõme doit sauoir est: car tout homme doit congnoistre dieu pour
acomplir sa voulente et cõmandemẽt par lequel veult estre ayme de tout
se cueur/de toute same/ et de toutes ses forces quon a/ ce quon ne pourroit
faire qui ne se congnoistroit. car on ne sauroit aymer ce quon ne congnoist
qui veult dõcques aymer dieu se doit cõgnoistre et tãt plus on se cõgnoist
et plus on sayme. Pour quoy cy apres sera dit comme bergiers et simples
gens se sceuent congnoistre. Bergiers et simples gens pour cõgnoistre
dieu de leur possibilite considerent trois choses. La premiere est car ilz con
siderent de dieu sa tresgrande richesse/ sa tresgrande puissance/ sa seuue
raine dignite/ sa souueraine noblesse/ et sa souueraine ioye et spesse. La
seconde est: car ilz considerent de dieu ses tresnobles/ tresgrans/ et tresmer
ueilleux ouuraiges. Et sa tierce est: car ilz considerent les innumerables
benefices que ont receus et que cõtinuelemẽt chascã iour recoiuẽt de luy et
par ces consideracions viennent a sa cõgnoissance. Premierement pour
congnoistre dieu bergiers et simples gens considerent sa tresgrãde richesse
sa plantureuse habondance des biens quil a. car tous tresors et biens du
ciel et de la terre sont a luy: qui tous biens a fait: et desquelx est fontaine:
createur et maistre et seigneur: et les distribue a largesse a chascun. et na
nec ssite de nulluy pour quoy cõuiẽt dire car il soit tresriche. Secondement
il est trespuissant. car par sa tresgrande puissance a fait ciel/ terre/ mer/et
toutes choses que y sõt et pourroit deffaire si son vouloir estoit. a laquelle
puissance toutes autres sont subgectes et tremblent deuant elle pour sa
grande excellance. et qui vouldroit considerer chascun ouuraige de dieu
trouueroit assez a merueiller. par sa premiere de ces consideracions on
congnoist dieu estre tresriche pour pouoir remunerer ses amys. et par sa se
conde on se congnoist trespuissant pour soy pouoir venger de ses ennemis
Tiercement il est souuerainement digne. car toutes choses du ciel et du
monde luy doiuent honneur et reuerence comme au createur et celluy qui
les a faictes et du quel sont venues: ainsi on voit enfans honnourer et
reuerer leurs peres: desquelz sont descendus par generacion. et toutes cho
ses sont descendues de dieu par creacion. au quel pour ce doiuent honneur
et reuerance. doncques il est souuerainement digne. Quartement il est

souuerainemēt noble. car qui eſt ſouuerainemēt riche puiſſāt et le digne cōuiēt
eſtre ſouuerainemēt noble. mais nul autre que dieu na richeſſe puiſſance ou di
gnite cōme luy. pour quoy ne tel nobleſſe. fault dōcques dire quil ſoit treſnoble
¶ Quartemēt il a ſouueraine iope et lyeſſe. car celluy qui eſt treſriche/treſpuiſ
ſant/treſdigne/treſnoble/neſt point ſans auoir ſouueraine iope. et ceſte iope eſt
plenitude de tous biens. et doit eſtre noſtre feliate et fin: a laquelle debuons
eſperer paruenir. Ceſtaſſauoir Veoir dieu en ſa ſouueraine iope et lyeſſe: pour
auoir auec luy iope ſans fin qui touſiours durera. Et eſt la premiere conſidera
cion de dieu que Bergiers et ſimples gens ont. ¶ Secondement pour congnoi
ſtre dieu conſiderent ſes treſgrans/treſnobles/et treſmerueilleux ouuraiges ſa
bonte et beaute des choſes quil a faictes. on dit car on congnoiſt louurier a ſon
ouuraige. Congnoiſſons doncques les ouuraiges de dieu: et congnoiſtrons
que ſa bonte et beaulte reluiſent es choſes quil a faictes. leſquelles ſi elles ſont
bonnes. et ſi elles ſont belles. conuient louurier qui les a faictes eſtre treſbon ꝛ
treſbeau ſans comparaiſon plus que choſe par luy faicte. ¶ Soit cōſidere des
cieulx et choſes que y ſont le treſnoble et treſmerueilleux ouuraige. Et comme
on pourra ſoit conſidere leur beaulte et bonte. Soit conſidere auſſi comme ſen
pourra de la terre le treſnoble et treſmerueilleux ouuraige de dieu: foꝛ/largent
tous metaulx et pierres precieuſes en elle. Les fruictz quelle poꝛte les arbres et
beſtes quelle ſouſtient ꝛ de ſa bonte les nourrit. Soient conſideres pareillemēt
la mer les riuieres et poiſſons que nourriſſent/Le temps/ſes elemens/ſait/ſes
oyſeaux que y Volent: et tout pour luſaige et ſeruice de lōme. Et conſiderons
louurier qui de ſa puiſſance a tout fait. Et par ſa ſapiēce bien oꝛdonne ſes ou
uraiges: et les gouuerne de ſa treſgrāt bonte. ꝛ par ceſte maniere cōgnoiſtrōs
dieu cōme Bergiers et ſimples gēs en conſiderāt ſes ouuraiges. ¶ Tiercemēt
pour congnoiſtre dieu conſiderent les grans et innumerables benefices que re
coiuent chaſcun iour de luy. leſquelx on ne ſauroit nombꝛer pour la multitude
ne priſer pour leur nobleſſe et dignite. Touteſſoys en ſont notes en leurs cu
eurs principalement ſix. pour leſquelx et autres Vng bergier rēdans louēges
a dieu diſoit en ceſte maniere. ¶ Sire dieu ie cōgnois de Voz benefices infinis
a moy faiz par Voſtre treſgrāde bonte premieremēt le benefice de ma creacion
par lequel maues fait hōme raiſonnable a Voſtre ymaige ꝛ ſimilitude. donne
coips et ame et habillemēs pour me Veſtir. Sire Vous maues donne mes ſens
de nature/entēdemēt pour moy gouuerner/la Vie/la ſante/la beaute/la foꝛce
et ſaiēce pour ma Vie honneſtemēt gaigner. dont hūblemēt Vous rens graces
et louenges. Secondemēt ſire ie congnois le bien de ma redēpcion comme par
Voſtre doulceur ꝛ miſericoꝛde maues rachetez cheꝛemēt par effuſion de Voſtre
treſpꝛecieux ſang paines ꝛ toꝛmēs que pour moy aues ſouffers ꝛ en fin ſa moꝛt
endure maues donne Voſtre coips Voſtre ame Voſtre Vie pour moy garder de
damnacion dont humblemēt Vous rens graces ꝛ louenges. Tiercemēt ſire
ie congnois le bien de ma Vocacion comme de Voſtre grace maues appelle et

pour heriter Voſtre eternele benediction. maues donne la foy et cognoiſſãce
de Vous le bapteſme et les autres ſacremens que nul entẽdemẽt ne peuſt
cõpriãdre leur nobleſſe z dignite. et que tãt de fops maues mes peches par
dõnes. Sire ie congnois que ce meſt don ſinguliet que nauez point fait a
ceulp qui nont congnoiſſance de Vo⁹ dont ien ſuis plus oblige et humble
ment Vous en rens graces et louenges. Quartement ſire ie congnois que
maues donne ce monde et les choſes que p ſont faictes pour mon ſeruice et
Vſaige:lofice ſe benefice/et dignite en quop ie ſups. car ſire ie porte Voſtre
pmage et ſimilitude: que repute choſe digne et noble. dõt hũblemẽt Vous
rens graces et louanges. Quintemẽt ſire Vous maues donne le ciel z ſes
beaulp ornemens: ſe ſoleil/la lune/les eſtoilles: qui iour et nuit me ſeruẽt
dõnans clarte et lumiere. ſans que leur face aucune recõpanſe: dont hum
blement Vous rens graces et louanges. Septement ſire ie congnois que
maues apreſte Voſtre beau paradis: pour me donner: ou ie Viurap auec
Vous en iope ſans fin ſe ie faiz Voſtre Voulẽte et garde Voz cõmãdemẽs
et ſi cõgnois qui autres infinitz biens chaſcun iour me faictes par Voſtre
bonte leſqueulp me enſeignent a Vous cõgnoiſtre mon dieu mon bienfai
teur mon ſaulueur et redempteur. dont humblement Vous rens graces z
loueges. ¶ Par ſes conſideracions bergiers et ſimples gens cõtẽplẽt la
bonte de dieu et ſes benefices que recoiuẽt de lup. Et nous congnoiſſons
le et ne ſopons ingratz cõgnoiſſans ſes benefices lup rendans louãges et
recõpẽſe de noz biẽs.en dõnãt aup poures pour lamour de lup: car ingra
titude eſt Villain peche que trop lup deſplaiſt. ¶ La ſeptieſme et derniere
choſe que tout hõme doit ſauoir eſt congnoiſtre ſop meſme. et neſt meilleur
mopen pour Venir a congnoiſſance de dieu: ne pour faire ſon ſauluement
que ſop premierẽnẽt congnoiſtre. pluſieurs congnoiſſent moult de choſes
qui ne congnoiſſent eulp meſmes auſquelp prouffiteroit plus culp cõgnoi
ſtre que toutes les choſes du monde. Ceulp qui congnoiſſent les choſes du
monde les apment/quierent/et gardẽt: et car ne ſe cõgnoiſſent ne ſapmẽt
ne priſent ne gardent ne dieu pareillemẽt quant ne ſe cõgnoiſſent. Quop
prouffite a ſomme gaigner le monde et perdie ſop meſme pour eſtre dãne?
plus lup proffiteroit perdie tout le mõde ſil lauoit z quil ſe cõgneuſt pour
eſtre ſaulue. Bergiers dient que le cõmencement neceſſaire pour faire ſon
ſauluemẽt eſt: ſop congnoiſtre: et que par le contraire. ignorance de ſop eſt
commencement daler a dampnement et de tous maulp quon peult auoir.
¶ Vne queſtion dun maiſtre bergier a Vng ſimple bergier pour ſauoir cõe
ſe congnoiſſoit et demandoit en ceſte maniere: Bergier dp mop? comme te
cõgnois tu? Qui es tu? Reſpondz mop? Et le ſimple bergier reſpond tel
ſemẽt. Je me cõgnois: car ie ſuis hõme/ppien/bergier.Mais ie te demãde
queſt hõme? queſt eſtre ppien? queſt eſtre bergier? Et le ſimple reſpõd ad ce
que demandes queſt hõme. Je diz que hõme eſt Vne ſubſtance compoſee de

corps et dame. et que quãt au corps est mortel fait de terre de la condicion
des bestes. mais lame faicte de la matiere des esperitz ⁊ cõdicion des ãges
et immortelle. Mon corps venu de semẽce abhominable est vng sac plain
dordures et de puãteurs. la viãde que vers mãgeront. mon cõmencemẽt
fut vil. ma vie est en paine/labeur/crainte/⁊ subiection de mort. Et ma
fin sera doloreuse/perilleuse/⁊ en pleur. Mais mon ame est cree de dieu no
blemẽt et dignemẽt a son ymaige et semblance apres les anges de toutes
creatures la plus parfaicte ⁊ belle/et par baptesme/et par foy/ est faicte sa
fille/son espouse/pour heriter son royaulme quest paradis. Et pour sa no
blesse et dignite doit estre dame. et mon corps cõe seruiteur luy dois obeyr
car raison ainsi se requiert. et ordonne. et qui fait autrement: et prefere son
corps deuãt son ame. pert lusaige de raison. et se fait semblable aux bestes
descedẽt de noble dignite en vile et miserable seruitude de sésualite par la
quelle se gouuerne: ainsi ie me cõgnois hõme. ¶ Quãt au secõd on demã
des quelle chose est estre ¢pien. Je respõdz a mon entẽdemẽt que estre ¢pien
est estre baptize ⁊ ensuiure ihesucrist du quel on est dit ¢pien. car estre bapti
ze et ne lésuiure. ou lensuiure. et nestre baptize. ne saulueroit point lomme
et pour ce quãt on recoit baptesme on renõce au diable ⁊ a toutes ses pom
pes: et fait on promesse désuiur? iesucrist quãt on dit: Je veil estre baptize:
laquelle promesse qui la garde a vray nom de ¢pien. et qui ne la garde est
dit pecheur/menteur a dieu/et seruiteur du diable. et nest dit ¢pien sinon
comme dun hõme mort. ou painct en vng mur. on dit que cest vng hõme.
¶ Icy demande le maistre bergier en quãtes choses doit se ¢pien ensuiure
iesucrist pour acõplir promesse de baptesme. Respond le simple bergier. Je
diz en six choses. La premiere est nectete de cõsciẽce. car nest chose plus plai
sante a dieu que cõsciẽce necte. et peult estre faicte necte en deux manieres.
lune par baptesme quãt on se recoit. et lautre par penitẽce que est cõtriction
au cueur/ cõfession de bouche/ et satisfacion de euure. et adoncques quant
on est nect: est on semblable ⁊ plaisant a iesucrist. q̃ de leaue de sa misericorde
nectoye les pecheurs qui font penitence et les fait estre beaux. La seconde
chose en quoy se ¢pien doit ensuiure iesucrist est humilite a lexemple de luy
seigneur du ciel q̃ se est humilie de vestir nostre humanite ⁊ deuenir mortel
qui estoit immortel. Viure en pourete auec nous/porter paines/obprobres/
et en fin souffrir estre crucifie. Et le ¢pien pour amour de luy sensuiuãt se
doit humilier. La tierce chose est fenir et aimer verite en especial trois ve
ritez. La premiere verite est de soy mesme congnoistre. car on est mortel et
pecheur. et qui mourra en peche sera condãne. et ceste verite garde defaire
peche. et exhorte le pecheur de faire penitence et soy amender. La seconde
verite est des biens tẽporelz. car sont transitoires. et les conuiẽdra laissẽr
et ceste verite les fait mespiser. pour desirer ceulx du ciel q̃ sõt eternelz. La
tierce verite est de dieu qui est la ioye et felicite que tous ¢piens doibuent

deſirer. et ceſte Verite type ſe ꝓpien a ſon amour. et ſe induit a faire bonnes
euures pour meriter ſes ioyes de paradis. La quarte choſe en quoy ſe ꝓpien
doit enſuiure ieſucriſt eſt paciēce en aduerſite et en aſperite de Vie par peni
tence ſoy cōfirmant a leſtat de ieſucriſt du quel ſa Vie toute a eſte en paine
et poureté quil a enduree pour nous. La cinquieſme eſt en compaſſion des
poures a lexemple de ieſucriſt: qui par ſa miſericorde gueriſſoit poures de
toutes maladies corporeles. et pecheurs de maladies ſpiritueles. et nous
par cōpaſſion debuons dōner de noz biens aux poures ꝫ les cōforter corpo
relemēt et eſpirituelemēt. La ſixieſme choſe en quoy ſe ꝓpien doit enſupuir
ieſucriſt eſt doulceur de deuociō: et charite en cōtēplaciō des myſteres de
ſon incarnaciō/ de ſa natiuite/ de ſa mort et paſſiō/ de ſa reſurrection/ de
ſon aſcenſion/ et de ſon aduenemēt au iugement: que ſouuēt doiuēt Venir
a noſtre memoire et en noſtre cueur par ſainctes meditacions. Et ſont ſix
choſes en quoy ie diz que tout ſeal ꝓpien doit eſuiuir ieſucriſt pour tenir ſa
promeſſe de Bapteſme. ¶ Et quāt au dernier quel choſe eſt bergier. Je diz
que ceſt ſauoir ma Vocaciō. et chaſcun la ſiēne cōme deuāt eſt dit. et auſſi
ſauoir de toutes ces choſes dictes les trāſgreſſiōs cōbien de foys en chaſcue
on a tranſgreſſe. car autāt on a offenſe dieu: et qui bien y penſe treuue des
omiſſions et offenſes innumerables leſquelles cōgnues on doit en douloir
et faire penitence. et ainſi eſt cōme ie me cōgnois hōme ꝓpien et bergier.

¶ Chanſon du bergier qui neſtoit point maiſtre
a qui ſa congnoiſſance ne prouffitoit rien.

¶ Je congnois que dieu ma forme Et fait a ſa digne ſēblance
Je congnois que dieu ma donne Ame/ſens/ Vie/ ꝫ cōgnoiſſance
Je congnois qua iuſte Balance Selōn mes faiz iuge ſeray
Je cōgnois mouſt: mais ie ne ſay Cōgnoiſtre dont Viēt ſa folie
Que ie ſay bien que ie mourray Et ſi namende point ma Vie.

¶ Je congnois en quel poureté Vins ſur terre et naſqui defance
Je cōgnois que dieu ma preſte Tāt de biēs en grāt habondāce
Je congnois quauoir ne cheuance Auecques moy nemporteray
Je congnois que tāt plus auray Plus doſēt mourray en partie
Je congnois tout cecy pour Vray Et ſi namende point ma Vie.

¶ Je cōgnois q̄ iay ia paſſe Grāt pt de mes iours ſās doutāce
Je congnois que iay amaſſe Pechés: et fait peu penitance
Je congnois que par ignorance Epaiſer ie ne me pourray
Je congnois que trop tart Viendray Quant ſame ſera departie
Pour dire ie mamenderay Et ſi namende point ma Vie

¶ Prince ie suis en grant esmay De moy qui les aultres chastie
Et moy mesmes se pire say Et si namende point ma vie.

¶ Sensuit autre chanson dune bergiere qui bien se congnoissoit
et a laquelle sa congnoissance prouffitoit. et disoit ainsi.

¶ Je considere ma poure humanite
Et come en pleur premier nasqui sur terre
Je considere moult ma fragilite
Et mon peche qui trop le cueur me serre
Je considere que mort me viendra querre
Je ne say seure: pour me tollir la vie
Je considere que lennemy mespie
La chair, le monde, me guerroiet si tresfort
Je considere que cest tout par enuie
Pour me suiuet sans fin de mort a mort.
¶ Je considere ses tribulacions
De ce vif siecle: dont la vie nest pas necte
Je considere cent mille passions
Du poure humaine creature est subiecte
Je considere sa sentence par faicte
Du vray iuge: faicte sur bons et maulx
Je considere tant plus viz que pis vaulx
Dont conscience bien souuent me remort
Je considere des damnes les deffaulx
Qui sont liures sans fin de mort a mort.
¶ Je considere que les vers mangeront
Mon dolent corps: cest chose espouentable
Je considere las pecheurs que feront
Quant se viendra le iugement doutable
O doulce vierge sur toutes delectable
Ayez mercy de moy celle iournee
Qui tant sera merueilleuse et doubtee
Et ma poure ame conduisez a droit port
Car a vous seule du cueur ie say vouee
Pour la deffendre sans fin de mort a mort
¶ Prince du ciel vostre humble creature
Vous cry mercy pour faire son accord
Et de sa paine qui a tousiours res dure
La deffendes sans fin de mort a mort.

¶ Se mon regard ne vous diet a plaisir par sa hideur qui est espouātable
prenez en gre cōgnoissans se desir par quoy pietēs qui vous soit proffitable
il ny a point de moien plus tirable les cueurs a bien que de soy le cōgnoistre
cōgnoisses donc par moy quelz vous fault estre: et prepares a mort vostre
inuentoire les filz de adam tous mourir est notoire.

¶ Las soy mondain contemple ma maniere vng tēps fuz vif que iauope
beau visaige pour peusy riāe: las iay trous de tariere cōduitz a vers pour
faire seur passaige. se damp dautruy si te rende donc saige: car cōme moy tu
deuiendras en pouldre tout picote comme est vng deel a couldre dun tas de
vers desquelz seras repas: tous les humains fault passer par ce pas.

¶ Le tēps durāt que iestope en ce monde hōnoure fuz de sublime puissance
mais mal garday ma conscience munde: dont iay remors qui me point a
oultrance. quelle dōneur/quelle aussi de iactance: que les fagos pour enfer
allecher vain est le vol qui fait las trebucher: car nest seurte sen bas ne prēt
gesine. qui trop hault monte il apme sa ruyne.

¶ Larmes respās de forcenee raige: de la doleur qui me tiēt excessiue: quāt
pour mes maulx ay le feu pour hostaige ce quay seme il fault que ie mestiue
las que fera ma poure ame chetiue: pour se purger des pechez quay cōmis:
gaigner ne puis ce nest par mes amie: car suis vng ver qui ne puis nesque
paisse. qui fait peche il en papera la taille.

¶ Dieu crea tout et beneist de sa dextre. fors que peche. que peult dōc delict
estre. quelle de luy? de quoy print il engence? peche nest rien. fors carence de
bien. sil est ainsi: pour quoy requiert penāce? francz fusmes faiz vng chasal
sur le sien. quāt dieu nous fist garniz de franc arbitre. mais mal esseuz qui
prins le feu pour mien. dieu delaissant pour sentir son chapitre.

¶ Ainsi enfer sur nulluy na droicture. que par les maulx ou par ses actiōs
qui plus y met plus y prēt grāt voicture. nul nest blecie que de ses passions
du iusticier ne des corrections nest a querir: car il est droicturier. bie est eureux
qui va le droit sentier. car tel aura son iuge a protecteur. combien quil soit
pacient reddireur.

¶ Las sil estoit queusse espasse dōnee: le tēps dun iour pour faire penitence
quel dueil/quelz pleurs/helas quelle menee. feroit mon corps pour oiner cō
sience. or nest appel apres ceste sentence: ou suis me prens en espoir dauoir
mieulx. ieune ne veulx. ie ne peux quant fuz vieulx. du repentir leure si est
faillie. ia fol ne croit tant quil voit sa folie.

¶ Il appart dōc par bien viue raison: que fol espoir de viure longuement
me fist iadis quant iestope en choison: de mon salut ou de mon dāpnement:
a pie leue fuz sousprins chauldement. et sans arrest de mort fuz la saisine:
mais bien fait dieu que leure ne termine: car qui ne craint en grant peril se
boute. quant loeil ouuert en ses faiz ne voit goute.

Du sõt ses pleurs
e deul de mõ trespas
parẽs amps voisins
a grant plante. qui
me pleuropent voire
sans cõtrepas: ou est
lespoir: que sus eulp
iay plante: Bon fait
penser de soy durant
sante. car cest fouleur
dautruy querir suffra
ge Apres la mort: se
vif on eust lusaige:
de soy pouoir deuãt
le iour derrien quant
aps dieu nest amour
sur le sien.

¶ prenez patrõ vo⁹
qui portes ses hu cãs
Robes pompans: et
pourpoins de satin.
Les grans plumaup
z ces fardees perruds
que cest de moy: enten
des ce satin. ignores
vous quil fault quel
que matin tous cõme
moy estre des vers sa
piope. se dieu se taist
si pense il de la pope:

Du retribut de vostre sacrifice. de ses grans peulp il contempne tout vice.
¶ helas pour tant vanite delaissee. elisez mieulp que le viure mondain. Ne
ignores pas que mort vous soit passee: Qui estes pres de cheoir en sa main Se
tel est huy qui nest pas lendemain. Las quesse donc du monde et son plaisir Di
vie et mort si est en ton choisir. eslis des deup: et retiens la meilleure. Bien est
heureup qui mort prent a bonne heure.   ¶ Depuis que mort dessus tous a
droicture: efforces vous dauoir des meurs eslite. gaignez ses cieulp deuãt la
pourriture. apstez vous cõtre la mort despite. voies aussi ceulp q en iope petite
cesclement ont leurs delitz passes. ieunes et vieulp sont ensemble entassez. et
prient ceulp qui voirront ceste pstoire: les trespasses quilz ayent en memoire.

¶ Sensuiuent les dix cõmandemens du
dyable oppofites a ceulx noftre feigneur.

¶ Toy qui les miens cõmãdemês veulx du cueur garder et fauoir. auras
denfer fes grans tourmens à iamais fans remede auoir.¶ Ton dieu point
ne redoubteras ne ne cõgnoiftras fa bonte. mais fauoir mõdains aprandras
et a faire ta volête.¶ Pour deceuoir hõmes z femes fouuêt tu te pariuteras
et pour plus fort dãner ton ame dieu z fes fains blaphemeras.¶ Les feftes
tu ten puteras et perdras ton temps follement. et les autres prouoqueras a
viure vicieufemêt.¶ Pere z mere peu prifetas et feras courroucer fouuêt et
ia nulz biês ne leur feras mais leur procureras tourmêt¶ Haines z rigueur
porteras côtre ton proefme lõguemêt: et a nul ne pardõneras mais defireras
vengemêt¶ Grãt luxurieux tu feras de fait z par atouchemêt ton mariage
faulferas nõobftãt q̃ dieu fe defêt¶ Le biê dautruy tu retiêdras par tricherie
et par fallace et iamais ne leur rendras pour courtoifie quil te face.¶ Côtre
ton proefme faulx tefmoinage en iugement allegueras: diffame z autre dõ
maige par ta langue tu leur feras.¶ femes fouuêt frequenteras pour leur
dõner cõfentemêt: a les veoir grãt plaifir prêdras en les defirant folement.
¶ Tout ton engin apfiqueras pour auoir lautruy faulfemêt. ou au moins
fe conuoiteras fe faire ne peulx autremeut.   ¶ Qui mes cõmãdemês fera
Je le paierap certainemêt. Car en enfer dãne fera Sãs auoir nul allegement
Et quant viêdra le iugemêt Il mauldira fe iour et leure Quil fut ne pour
fi grant tourment Souftenir et en telle ordure.

¶ Cy apres font aucunes paines denfer nõ pas toutes
pour ceulx qui garderont les commandemens deffufdis.

¶ En enfer font tresgrans gemiffemens: Grans defconfors et defolacions
Et angoiffes et crys et vilemens. Et grans douleurs et grans afflictions
Et grans regretz et grans compõctions Dõt pecheur fe deuroit conuertir
Car fa on voit telz obftinacions: Telz blafphemes telz deteftacions. Quon
ne fe peult en nul iour repentir. feu treshoutiblemêt ardant. froit autant
fort refroidiffant. Grans cryes de douleurs fans ceffer. fumee qui ne peult
enfer laiffer. Souffre puant et mouit horrible. vifion des dyables terribles.
faim tourmentant cruellement. Soif qui tourmente pareillement. Grant
honte et confufion.En tous les mêbres affliction. De toute gloire defaillãce
Remort fans fin de confcience. Ire rancune et murmure. Orgueil et rebellion
dure. Du bien dautruy mauldit enuie. Et crainte qui trop leur ennuye.
paine et tourment qui ne fault. Et de toute ioye deffault. Defir de la mort
tresppdeufe. Et tribulacion treshonteufe.

En lapocalipſe eſt eſcript que ſaint iehan̄ vit vng cheual de couleur paſſe
ſur ſeul ſeoit qui auoit nom ſa mort. Enfer ſuiuoit ce cheual qui nous ſegneſie
le pecheur a couleur paſſe pour ſa maladie de pecħe. et poite ſa mort. car pecħe
eſt ſa mort de ſame. Enfer ſenſuit. car en quelque lieu que le pecħeur aiſſe enfer
eſt pres ſil mouroit ſans penitence pour ſengſoutir et deuoier.

Sur ce cheual hydeur et paſſe
La mort ſuis: fierement aſſiſe.
Il neſt beaulte que ie ne haaſe
Soit vermeiſſe ou blancħe ou biſe
Mon cheual court comme la biſe:
Et en courant moit rue et frappe
Mais ie tue tout: ceſt ma guiſe
Tout ħome trebucħe en ma trappe.
Je paſſe par mons et par vaulr
Sans tenir ne vope ne ſente
Je prens par villes et chaſteaulr
Mon tribut/mon cens/ma rente
Sans donner ne delay nattente
Ne iour/ne heure/ne demie.
Deuant mop fault quon ſe preſente
A tous viuans ie tolz la vie.

Enfer ſcet bien quelle tuerie
De gens ie fai z: car pas a pas
Me ſupt: et de ma boucherie
Auai lan̄ fait mains gros repas
Quant ie beſongne il ne doit pas
Par mop attend que propre aura
Dauain qui ne ſen doubte pas
Sen garde qui garder vouldra.
Encor me ſupt raiſon pour quop
De ceulr que ie tue de mon dart
Et ſont ſans nombre: croyez mop
Car il en a la plus grant part.
Paradis nen a mpe le quart
Ne ſa diſme: on lup feroit tort
Grāt: ſil nauoit tout au plus fart
Lomme pecheur quant il eſt mort.

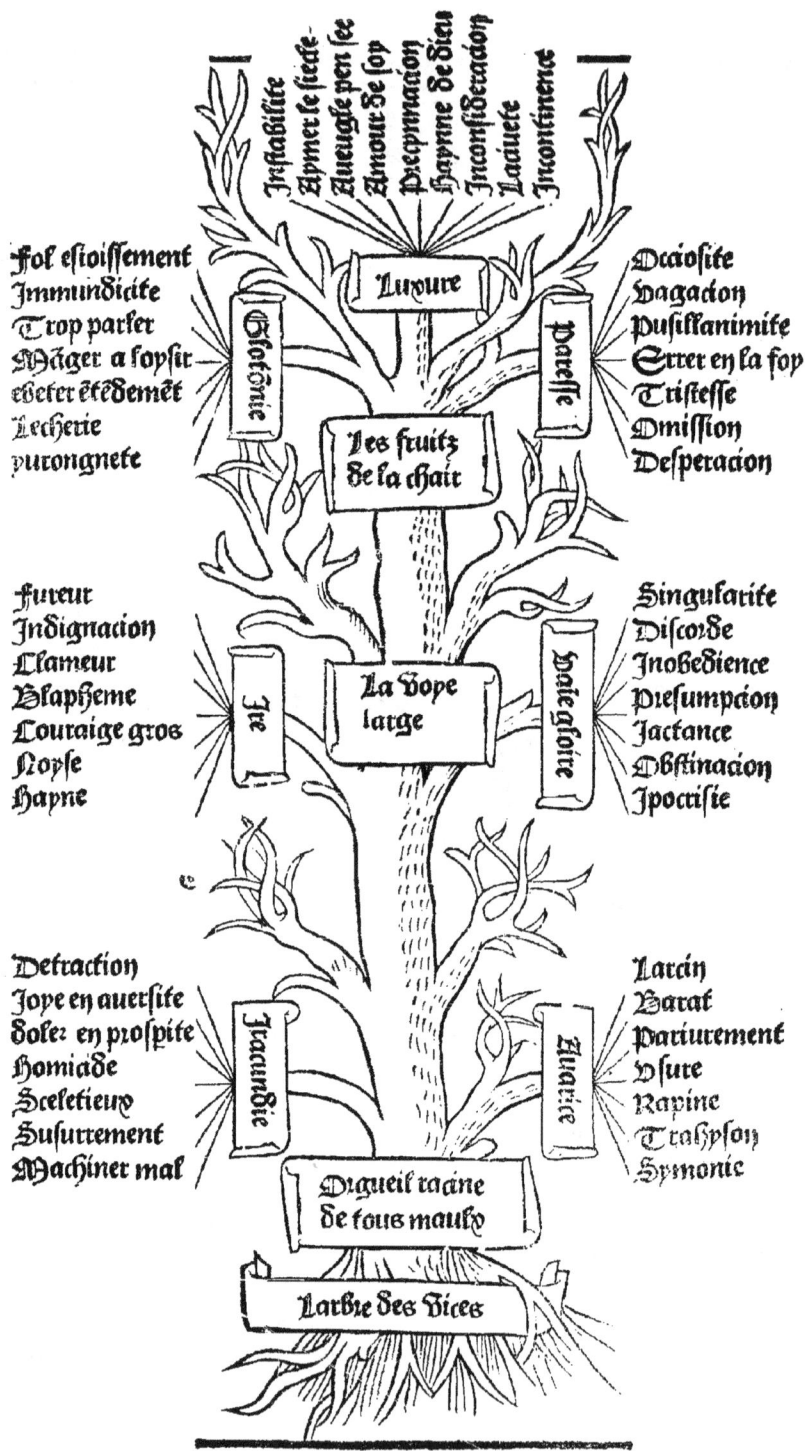

Instabilité
Aymer le siècle
Aueugle pen[se]e
Amour de soy
Precipitacion
Hayne de dieu
Inconsideracion
Laciuete
Incontinence

Luxure

Les fruitz de la chair

Gloutonnie
Fol esioissement
Immundicite
Trop parler
Mager a soy sit
eueter ételemét
Lecherie
vtongnete

Paresse
Ociosite
Vagacion
Pusillanimite
Errer en la foy
Tristesse
Omission
Desperacion

Ire
Fureur
Indignacion
Clameur
Blaspheme
Couraige gros
Noyse
Hayne

La voye large

Vaine gloire
Singularite
Discorde
Inobedience
Presumpcion
Jactance
Obstinacion
Ipocrisie

Iracundie
Detraction
Joye en auersite
Doleur en prospite
Homicide
Sceleticuy
Susurrement
Machiner mal

Auarice
Laracin
Barat
Pariurement
Usure
Rapine
Trahyson
Symonie

Orgueil racine de tous maulx

L'arbre des Vices

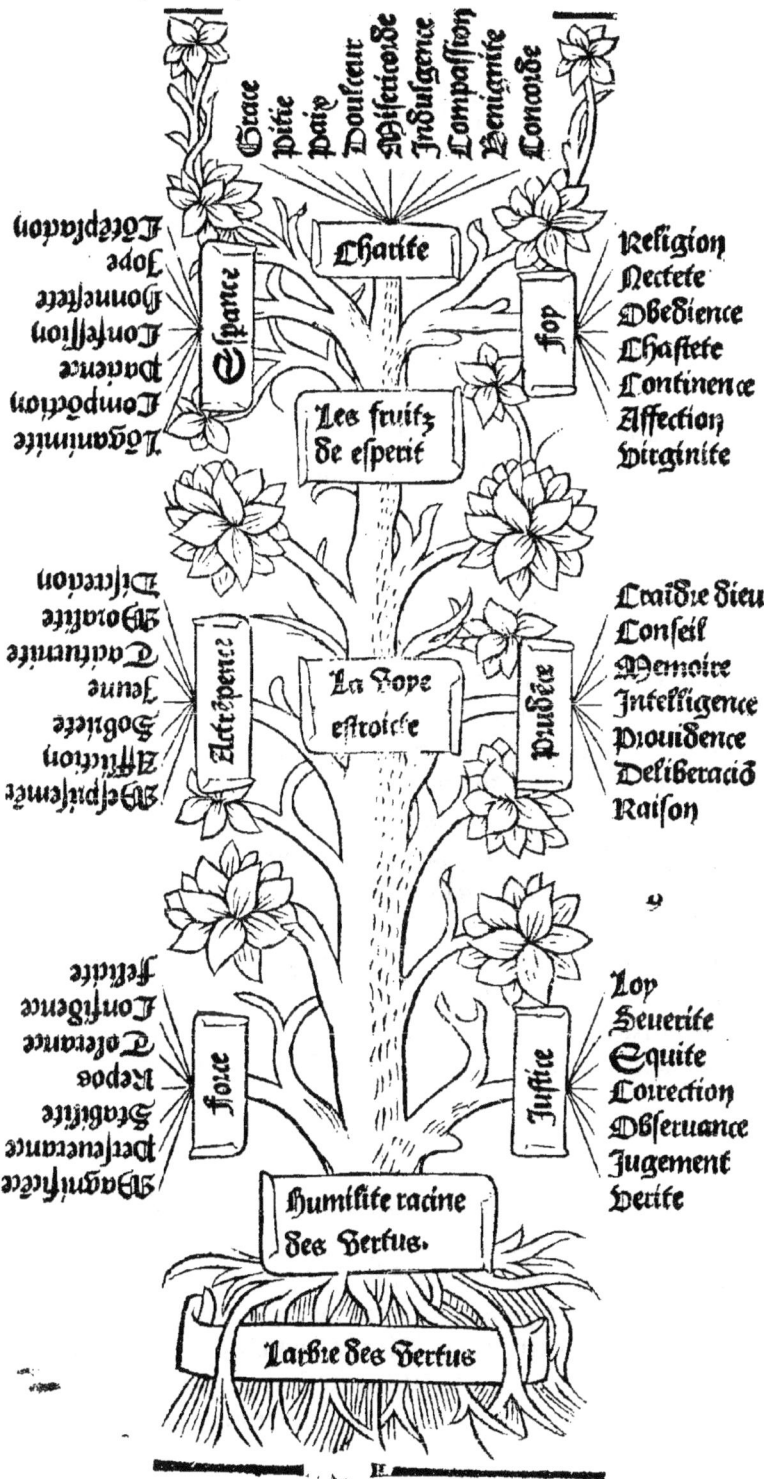

Grace · Pitie · Paix · Douleur · Misericorde · Indulgence · Compassion · Benignite · Concorde

Charite

Esperance

Discretion · Iope · Honnestete · Confession · Pacience · Compction · Longanimite

Foy

Religion · Nectete · Obedience · Chastete · Continence · Affection · Virginite

Les fruitz de esperit

Attrepence

Discretion · Moratite · Taciturnite · Ieune · Sobriete · Afflition · Mespisement

La voye estroicte

Prudece

Craidre dieu · Conseil · Memoire · Intelligence · Prouidence · Deliberaciõ · Raison

Force

Magnficece · Perseuerance · Stabilite · Repos · Potrance · Confidence · Felicite

Iustice

Loy · Seuerite · Equite · Correction · Obseruance · Iugement · Verite

Humilite racine des Vertus.

Larbre des Vertus

¶ Cy est la signification de chascune Vertu nommee en larbre precedent. Et premierement quest humilite mere des Vertus: et racine de larbre: la quelle quant est ferme larbre se tient droit: mais si elle fault larbre est cou che par bas auec ses branches. ¶ Humilite est inclinacion voluntaire de pensee et couraige venant du regart et congnoissance de sa propre con dicion ou du regart et congnoissance de dieu. et a sept branches principa les qui constituent larbre des Vertus. et sont Charite/ foy/ Esperance/ Prudence/ Justice/ force/ Actrempence. et de chascune viennent plusieurs autres Vertus come larbre demonstre et sont cy declarees.

¶ De charite.

¶ Charite treshaulte Vertu de toutes est desir de pensee ardant bien or donne de aymer dieu et son prochain. et sont ses braches Grace/ Paix/ Pitie Doulceur/ Misericorde/ Indulgece/ Compassion/ Benignite/ Concorde. ¶ Grace est par laquelle est demonstre vng seruice affectueux de beniuo lence entre les amps de lun amp a lautre. ¶ Paix est tranquillite et repos bien ordonne des couraiges de ceulx qui sont concordans en bien. ¶ Pitie est affection et desir de secourir et apder a tous et viet dune doulceur et gra ce de benigne pensee et couraige quon a. ¶ Doulceur est par laquelle la tranquillite et repos du couraige de cellup qui est douly et honneste par nulle improbite ne part point de ses metes. ¶ Misericorde est Vertu pi teuse et egale dignacion de tous auec inclinacion du couraige compacient en ceulx qui soustiennent afflictions. ¶ Indulgence est remission du mal fait dautrup par la consideracion de sop mesme quon peult auoir offense plusieurs ou dauoir remission de dieu des offenses faictes. ¶ Compassion est par laquelle sengedre vne affliction ou couraige condolet de la douleur et affliction quon voit a son prochain. ¶ Benignite est ardant regart de couraige diliget dun amp a lautre auec vne resplediss ant doulceur de bonnes meurs quon a. ¶ Concorde est conuenance des couraiges concors en droit que nest point derompue tellement sont vniz et coniointz.

¶ De foy.

¶ Foy est par la Verite congnue des choses visibles esleuer sa pensee en estudiemet saint pour venir a croire les choses quon ne voit point: et ses braches sont: Religion Nectete Obediece Chastete Continence Virginite Affection. ¶ Religion est par laquelle sot exerces et faiz les seruices diuis a dieu et aux sains a grat reuerece auec diligece lesquelx seruices sont ditz serimonies. ¶ Nectete ou Virginite est integrite bien gardee tat en corps que en ame pour le regart quon a de lamour ou de la crainte de dieu.

⁋ Obedience est volentaire abnegacion et renoncement de sa propre vo
lente par piteable deuocion. ⁋ Chastete est necte et honneste habitude de
tout le corps par les chaleurs et furiosites des vices bien domachees et te
nues subiectes. ⁋ Continence est par laquelle limpetuosite des desirs char
nelx est restenee par vne moderacion de conseil prins de soy ou dautruy.
⁋ Affection est effusion de piteable amour en son prouchain venant dun
saint estopssement conceu par bonne foy en ceulx qui se ayment. ⁋ Libera
lite est vertu par laquelle le liberal couraige nest point garde par aucune
conuoitise de faire plantureuse largicion de ses biens sans excés.

⁋ De esperance.

⁋ Esperance est mouuement de couraige tendant fermement de prandre
et auoir les choses quon appete et desire. de laquelle ses branches sont:
Contemplacion Joye Honestete Confession Pacience Compunction Longanimite
⁋ Contemplacion est la mort et destruction des desirs charnelx par vng
estopssement interiore de sa pensee esleue pour contempler choses qui sont
haultes. ⁋ Joye est iocundite espirituelle venant tantost du contempne
ment des choses presentes et mondaines. ⁋ Honestete est vne vergongne
par laquelle on se rend humble vers tous. de laquelle vient vng loable
prouffit auec coustume pudique et honeste. ⁋ Confession est par laquelle
sa maladie secrete de lame est demonstree au confesseur a la louange de dieu
auec esperance de auoir misericorde. ⁋ Pacience est volutaire et insepara
ble souffrance des choses aduersaires et contraires pour regart de eternele
gloire quon desire sauoir. ⁋ Compunction est vne douleur de grant va
lue a lame souspirant ou pour crainte du diuin iugement ou pour amour
du payement quon actend. ⁋ Longanimite est soustenance de insatigable
vouloir acomplir les saintz et iustes desirs quon a en sa pensee.

⁋ De prudence.

⁋ Prudence est diligente garde de soy auec saige prouidence de sauoir
congnoistre et discerner quest bien et quest mal. et ses branches sont:
Crainte de dieu Conseil Memoire Intelligence Prouidence Deliberacion.
⁋ Crainte de dieu est vne garde diligente qui veille sur soy par foy et
bonnes meurs des diuins commandemens. ⁋ Conseil est vng subtil
regart de pensee que les causes des choses quon veult faire ou que len a
en gouuernement soient bien examinee.

¶ Memoire est vne representacion ymaginatiue par regart de la pensee des choses preterites et passees quon a veues faictes ou oyes raconter.
¶ Intelligence est disposer par viuacite raisonnable lestat present ou les choses qui sont presentes. ¶ Prouidence est par laquelle on cueillist en soy laduenement des choses futures par saige subtilite et regart des choses passees.
¶ Deliberacion est vne consideracion plaine de maturite et esperance deuant le comencement des choses deliberees quon veult faire.

¶ De actrempence.

¶ Actrempence est vne ferme et discrete dominacion de raison contre les impetueux mouemens du couraige es choses illicites: et sont ses branches Discrecion/Moralite/Taciturnite/Jeune/Sobriete/Affliction/et Mesprisement du monde.
¶ Discrecion est vne raison prouide et asseuree bien moderee de humains mouemens a iuger et discerner les causes de toutes choses. ¶ Moralite est soy contemperer et reigler iustement et doulcement par les meurs de ceulx auec lesqueulx on conuerse gardee touteffoys sa vertu de nature.
¶ Taciturnite est soy actremper de parolles inutiles dont vient vng repos fructueux de couraige a celluy qui ainsi se modere. ¶ Jeune est vne garde discrete de sobriete ordonnee pour veiller a garder les choses sainctes qui sont interiores. ¶ Sobriete est vne pure et sans tache actrempance de lune et laultre partie de lome: cest de corps et dame. ¶ Affliction de corps est par laqlle les semences de la ciue pensee par chastiemes discretz sont coprimees. ¶ Mesprisement du siecle est vng omour des choses eternelles venant du regart des choses caduques et transitoires du monde.

¶ De iustice.

¶ Justice est par laquelle grace de communite est entretenue et la dignite de chascune personne est gardee et le sien rendu. Et ses branches sont: Loy/Seuerite/Equite/Correction/Obseruance/Jugement/Merite.
¶ Loy est par laquelle sont commandees toutes choses licites de faire et deffendues toutes choses lesquelles on ne doit mie faire. ¶ Seuerite est par laquelle vengence iuridique est prohibee: et destroictement on excerce iustice ou pecheur qui a delinque. ¶ Equite est tresdigne retribucion des merites a la balance de iustice droictement et iustement pesee.

¶ Correction est inhiber et deffendre par le frain de raison aucunes erreurs se
on y est ou acoustumãce de faire aucun mal. ¶ Obseruance de iuremêt est vne
iustice de contraindre aucune temeraire: ou nuysible transgression de loys: ou
ccustumes nouuellement prouulguees au peuple. ¶ Jugement est par lequel
selon les merites ou demerites daucũe personne ou lup est baille ce quelle doit
auoir.tourmêt pour auoir fait mal.ou salaire en guerdõ pour auoir fait bien
¶ Verite est par laqlle aucuns ditz ou faitz par raison prouuable sont recites
sans adiouster ou oster ny muer rien.

¶ De foce

¶ Foce est auoir couraige ferme entre les aduersites de labeurs et de perilz
ui peuent aduenir ou esquelz on peult cheoir. Et sont ses branches Magni
rence/Confidence/Tollerance/Repos/Stabilite/Perseuerance/Raison.
[Magnificence est vne glorieuse claritude de couraige administrãt hõneste
ent choses ardues et magnifiques: cest a dire haultes ou grandes. ¶ Confi
nce est arrester et fermer sa pêsee et son couraige par cõstance immobile entre
choses qui sont aduerses et contraires. ¶ Tollerance est cothidiennement
iffrir et porter les estranges improbites et molestes. cest a dire persecucions
nobres et iniures que autres gens font. ¶ Repos est vertu par laquelle
ie securite est donnee a la pensee du contempnemêt de la variete des choses
nsitoires et mondaines. ¶ Stabilite est auoir pensee ou couraige ferme et
le iacter en choses diuerses pour aucune variete ou changement des temps
des lieux. ¶ Perseuerance est vne vertu qui establit et cõferme le couraige
r vne perfection des vertus lesquelles on a: et sont parfaictes par foce de
iganimite. ¶ Raison est par laquelle est commande de faire les choses con
lees et deliberees pour venir a aucune fin quon congnoist estre bonne.

¶ finist lestite et fleur des vertus et quoy chascune
de celles nommees segnefie. et larbre figure.

h

Increper dissolus	Discipliner rebelles	pugnir mauluais	Soustenir les Bons	Bons en tutelles

Innocence	Purete	Memoire	Intelligence	Pitie	Crainte	Prouidence	Chastete	Continence	Virginite
Esperance	Sope magnanime	Ne faiz trahison	Ne parle polt trop	Iure peu	Garde toy pariurer	Iuge droi cement	Ne desire tes bons	Prometz peu	Acöpliz ta promesse
Foy	Ayme leglise	Crop les sacremes	Trop en dieu	Honnore leuägile	Garde ses comädemes	Honnore les sacremes	De baptesme ties promesse	Garde foy de mariage	Recoy a ta fin sa saincte Unction
Misericorde	《Discretion》	Heslir nudz	Donne a mäger	《Religion》 Donne a boyre	Visite malades	《Seuoir》 Cösorte psonniers	Recoiz pelerins	《Reptation》	sepulture les mors
Clemence	aime tö prochai	Sope doulx	Garde ton ame	Quiers paix	Ne faiz discorde	Pacifiez discors			ape beau lagaige
Constance	faiz droit	Mesprise les Vices	Suite orgueil	Fuyz enuie	Laisse ire	Mesprise paresse	Laisse auarice	Ne sope gloutons	Nayme luxure
Nettete	Sope de Vie sobre	Ne sope goullart	Ne templiz de Vin	Ne sope lecheur	Escoute sobremet	Regarde moderemet	Ne te deliete en odeurs	Attrempe ton goust	Ne quiers tes aises
Reuerence	Honnore les grans	Honnore anciens	aime les ieunes	ayme tes seblobles	ne mesprise les poures	teuere tes parens	sope auec les bons	Sope Ver gögneus	Salue Vo sentiers
Sainctete	Desire padis	Crains le iugement	pense de mourir	Rens bien pour mal	Ne tesmõ gne faulx	Ne sope hapneux	Ne sope homicide	Faiz a aultruy que Veulx quil te face	Aime tes ennemis
Cöpassion	Sope ioyeux auec ioyeux	Sope triste auec tristes	Ne sope moqueur	Ne sope liurieux	Nacuse nulluy	ne iuge aultruy	ne mesprise personne	Ne freus saultruy	ne celes tes maufuais
Honnestete	faiz te bien	Laisse le mal	Fuyz paresse	Suite iactance	Ne sope mesonge	Ne sope trõpeur	Ne sope de tracteur	Ne porte rancune	Ne sope flaicteur
Grace	Sope begnin	Ne sope des daigneux	Ne sope litigieux	ne sope süptueux	ne sope pie süptueux	ne sope Violent bateur	Parle afre peement	Parle hon nestemet	Ne diz chose des honneste
Honneur	Aime pro Dompt	fuiz mauuai ecöpaignie	Oys les sermons	Ayme splence	Aime les Vertus	Sope large	Ne sope cõuoiteux	Ne sope Vsurier	Nayme polt symonie
Amour	Sope deuot	Crains dieu	Ayme dieu	Adore dieu	Rens graces a dieu	Mesprise le monde	Honnore les sains	Celebre les festes	Nectoie ta conscience

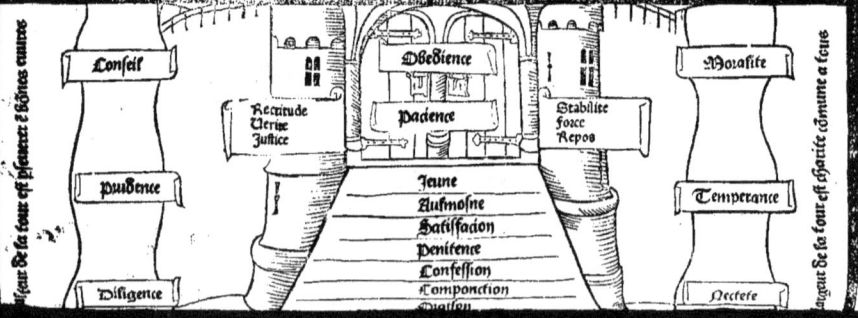

Conseil — Obedience — Moralite
Recttude Verite Iustice — Pacience — Stabilite force Repos
Prudence — Temperance
Diligence — Nectete

Ieune
Aulmosne
Satisfacion
Penitence
Confession
Compction
Digion

aigue de la tour est pfaience z bönes euures — aigue de la tour est sparite cömune a teue

e par regard de la pensee
tes ou ops raconter.
Cle sestat pitie ou tes espo
on aussitost en sop sabue
tgard des choses passees.
natuifte et esperance &
beault faire.

ion & raison contre tes
tes: et sont tes Biancches
piete. Affliction, et Bes

ion modere de humaines
s choses. ¶ Moralite
ment parles meurs de
pe la Vertu de nature.
uisses dont Vient long
i moder. ¶ Ieune est
eilte et a garder tes choses
pure et sans faulte actum
et Bame. ¶ Affliction
se par chastiemet de sa cha
ng amour des choses du
tanisfcies du monde.

sentretenue et la dignite
Es les Biancches sont:
ca, Iugement, Vrai.
tes choses faictes & faire
mit faire. ¶ Souetie
c: et destroictement en re
uite est trestoigne retisble
mt et iustement pese.

❡ Aucuns bergiers dient hôme est vng petit
monde par soy: pour les côuenãces et similitu
des quil a au grãt monde: qui est agregadon
des iv aelp quatre esemes et toutes choses que
v sont.Premieremêt côme a teste similitude au
premier mobile qui est le souuerain del et prin
cipale partie du grãt monde.car ainsi côme en
cestup premier mobile est le zodiaque diuise en
vii parties lesquelles sont les.vii.signes ainsi
lôme est diuise en vii parties qui sôt dominees
ou regardees diceulp signes chascune partie de
son signe propre côme listoire presente le môstre
Les signes sont: Aries Taurus Gemini Cã
cer. et les autres.Desquelp trois sôt de nature
de feu Aries Leo et Sagitarius. et trois de na
ture de sair Gemini Libra et Aquari⁹. et trois
de nature de seaue Cancer Scorpio et Pisces.
et trois de nature de la terre Taurus Virgo
et Capricornus. ❡Le pmier qui est Aries gou
uerne la teste et la face de lôme. Taurus a le
col et le noud dessus la gorge. Gemini les es
paules les bras et les mais. Cãcer la poictrine
le costes la ratesse et le posmon.Leo lestomac le
cueur et le dos.Virgo le vêtre et les entrailles
Libra le petit ventre les rennes le nôbril et la
partie desoubz les anches. Scorpio a la partie
hôteuse les genitoires la vessie et le fondemêt
Sagitarius a les cuisses seulement. Capricor
nus a les genoup seulement aussi. Aquarius
a les iambes depuis les genoup iusques aup
talons et aup cheuilles des pies. pisces a les
pies pour sa partie laquelle il gouuerne.   On
ne doit faire incision ne toucher de ferrement le membre gouuerne daucun
signe le iour que la lune y est pour la trop grant effusion de sang qui pour
roit estre.ne aussi quant le souleil y est pour le dangier et peril qui sen pour
roit ensuiuir.

      ❡ Aries est bon pour faire saignee quant la
      lune y est fois en la partie laquelle il domine.

❡ Aries est signe chault et sec nature de feu gouuerne le chief cest la teste z
la face de lôme lequel est bon pour saigner cestassauoir quant la lune y est.

                                h i

¶ Taurus mauluais pour saigner.

¶ Taurus est sec et froit nature de terre gouuerne le col et le noud soubz la gorge et est mauluais a faire saignee.

¶ Gemini mauluais pour saigner.

¶ Gemini est chault et humide nature de lair gouuerne les espaules et ses bras et ses mains mauluais pour saigner.

¶ Cancer indifferent pour saigner.

¶ Cancer est froit et humide nature de eaue gouuerne la poictrine lestomach et le poulmon indifferent cest a dire ne trop bon ne trop mauluais a faire saignee.

¶ Leo mauluais pour saigner.

¶ Leo est chault et sec nature de feu gouuerne le dos et ses costes de somme mauluais pour faire saigner.

¶ Virgo indifferent pour saigner.

¶ Virgo est froit et sec nature de terre gouuerne le ventre et ses enttailles ne soit bon ne soit mauluais pour saigner.

¶ Libra tresbon pour saigner.

¶ Libra est chault et humide nature de lair gouuerne le nombril les rains et la basse partie du ventre bon pour faire saignee.

¶ Scorpio indifferent pour saigner.

¶ Scorpio est froit et humide nature de eaue gouuerne ses parties genitales ne bon ne mauluais pour faire saigner.

¶ Sagitarius bon pour saigner.

¶ Sagitarius est chault et sec nature de feu gouuerne les cuisses bon pour faire saigner.

¶ Capricornus mauluais pour saigner.

¶ Capricornus est froit et sec nature de terre gouuerne ses genoulx mauluais pour faire saignee.

¶ Aquarius indifferent pour saigner.

¶ Aquarius est chault et humide nature de lair gouuerne les iambes ne bon ne mauluais pour faire saignee.

¶ Pisces indifferent pour saigner.

¶ Pisces est froit et humide nature de eaue gouuerne les pies ne soit bon ne soit mauluais pour saigner.

¶ Tresbons	¶ Indifferens	¶ Mauluais
Aries Libra	Cancer Virgo Scorpius	Taurus Gemini
Sagitarius	Aquarius Pisces	Leo Capricornus

⊂ On peult considerer par ce que figure les parties du corps humain les quelles les planetes ont regne et domination pour gouverner. Sy afferent de seurement, ne doit maison es Saignes qui en procedent pendant que les planete diete partie seront conioinctes avec autre planete malivolant sans avoir regart à soigner son phlebotomie tempestif à mauluaise.

Saturne la potite

Soi regq des au...

Jupiter regarde le fode

Venus les rongnons

vetuese — mon — Mars regarde le fiel

Luna regarde le chief

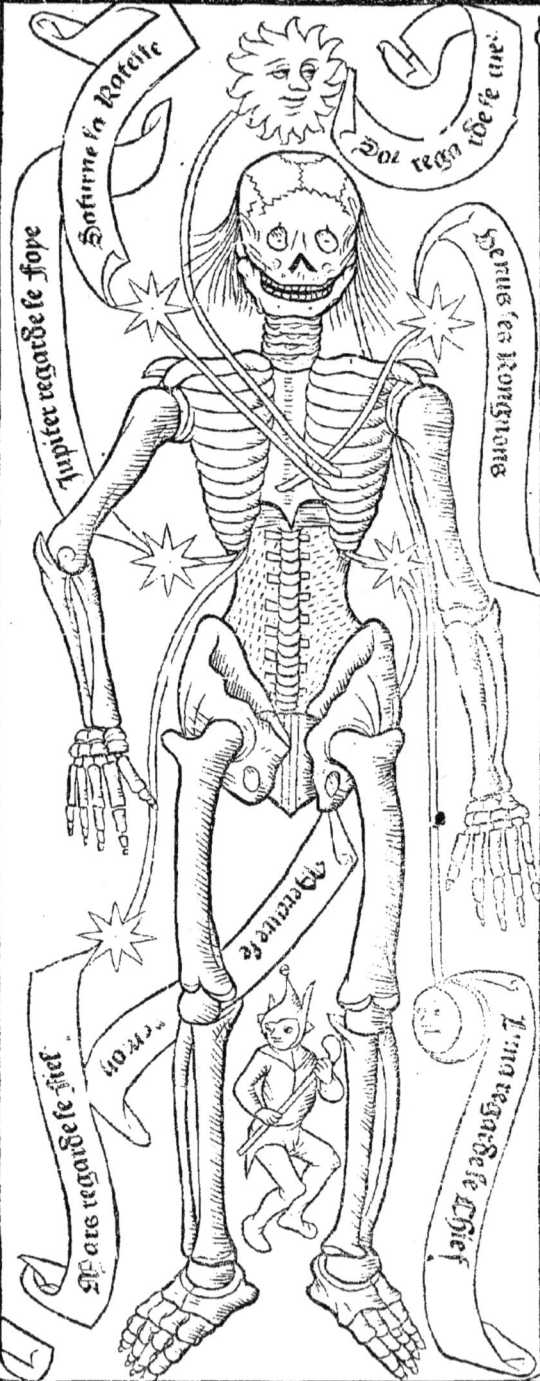

⊂ On peult contempler en ceste hystoire les os et ioinctures de toutes les parties du corps sans dedens comme dehors. De la teste, du col, des espaules, des bras, du hault et bas, des mains, des couldes, de la poictrine, de leschine, des anches, des cuisses, des genous, des gebes, et des pies, desquelx os les noms et le nombre diceulx seront dit cy apres. et est appellee Lystoire Anathomye.

h ii

¶ Les noms des os du corps humain et le nombre
diceulp: qui sont en somme deup cens.pl'Viii.

¶ Du sōmet de la teste est Vng os qui couure la ceruelle: lequel bergiers
appellent os capital. Du test de la teste sont deup os pres de cestuy quilz
nomment os parietalp qui tiēnent la ceruelle close et fermee. plus bas ou
cerueau est Vng os appelle couronne du chief. et de part et dautre de ceste
couronne sont deup os pierreup. dedans est los du palais. En la partie
derriere de la teste sont quatre os pareilz aup queulp tient la chaenne du
col: Les os du nez sont deup. Les os de la mandibule dessus sont.pi. et de
la machouere dessoubz deup. A lopposite du ceruueau est Vng os derriere
dit collateral. Les os des dens sont.pppii.Viii. deuant. quatre dessus. et
quatre dessoubz tranchantes pour couper les morceaulp. puis. iiii. agues
deup dessus et deup dessoubz dictes dens canines car elles semblent aup
dens des chiens. Apres sont. pVi. dens que nous appellons marteaulp
ou dens moulaup: car elles moulent et machent ce que on mange et sont
en chascun couste quatre dessus et quatre dessoubz.et puis les quatre dens
de sapience en chascun bout des mandibules Vne dessus et Vne dessoubz.
En leschine depuis la teste iusques au bas sont.ppp.os appellez noup ou
ioinctures.en la poictrine deuāt sōt.Vii.os.en chascū couste sont.pii.costes
Pres du col entre la teste et ses espaules sont deup os nommes forchetes.
Apres sont les deup os des deup espaules. De lespaule iusques au coude
en chascū bras est Vng os qui est dit adiutoire: du coude iusque a la main
en chascun bras sont deup os qui sont appelles cannes ou mongnon. En
chascune main sont. Viii. os. ou chault de la paulme sont quatre os quon
dit le peigne de la main.Les os des dops en chascune main sont.pV.pour
chascun dop trois. Au bout de leschine sont les deup os des anches: aup
quelles sont attachees les deup os des cuisses. En chascun genou est Vng
os quon appelle la palete du genou. du genou iusques au pie en chascune
iambe sont deup os qui sont ditz cannes. en chascū pie est Vng os appelle
la cheuille du pie. Derriere laquelle est los du talson. Sus le col du pie en
chascun est Vng os appelle os caue. En la plante de chascun pie sont. iiii.
os.Apres est le peigne du pie ou sont en chascun. V.os. Les os des arteilp
en chascun pie sont. piiii. deup os sont deuant le Ventre qui se tiennent fer
me auec les deup anches. Deup os sont en la teste derriere les oreilles ditz
oculaires. Nous ne cōptons point les os tendres des boutz des espaules
ne des coustes: ne plusieurs petites espines dos qui ne sont aulcunement
comprinses au nombre dessusdit.

A ⸿ La Vaine du milieu du front vault estre saignee pour les douleurs et maladies du chief et pour fieure litargie et goute migraine.

B ⸿ Item dessus les deux orailles derriere a deux vaines lesquelles on saigne pour donner cler entendement et vertu de bien oyr cler. et a qui la laine engrossit et pour doubte de meselterie.

C ⸿ Es temples a deux vaines dictes artiers pour ce quilz batet. lesqlles on saigne pour oster et diminuer la grant replexion et habondance de sang qui est ou ceruel lequel pourroit nuire au chef et aux peulx et si vault cõtre goute migraine et plusieurs autres accidens qui peuent venir au chef.

D ⸿ Dessoubz la langue a deux vaines lesquelles on saigne pour vne maladie nõmee epplence. et cõtre les enffleures et apostumes de la gorge et contre equinancie. par quoy vne personne pourroit mourir soubdainemẽt par faulte dune telle saignee.

E ⸿ Au col a deux vaines lesquelles on appelle originaulx pour ce quilz ont le cours et labondãce de tout le sang qui gouuerne le corps humain et principalemẽt le chef: mais on ne les doit saigner sans conseil du medcin et vault moult celle saignee a la maladie de lepre et appopsixie quãt sõt principalement causees de sang.

F ⸿ Item la vaine du cueur prinse au bras vault pour oster aucunes humeurs ou mauluais sang lequel pourroit nuire a la chambre du cueur ou a son appartenance. et si vault moult a ceulx qui crachent sang et qui ont courte alaine par quoy vne personne pourroit mourir soubdainement par faulte dune telle saignee.

G ⸿ Item celle du foye prinse au bras vault moult pour oster diuertir et diminuer la grãt chaleur du corps de la personne. et tenir le corps en sante et si vault moult celle saignee cõtre toute fieure iaune et apostume de foie et cõtre pleuresie par quoy vne persõne pourroit mou. sou. par f. s. t. s.

H ⸿ Item entre le maistre doy et le mye on fait vne saignee. et vault es douleurs qui viennent en lestomach et es costes cõme bosses et apostumes et plusieurs autres accidens qui peuent venir en ces lieux par trop grant habondance de sang et de humeurs.

I ⸿ Es costes entre le ventre et la hanche cest le flan. a deux vaines les quelles on saigne celle de la partie dextre cõtre ydropisie. et celle de la ptie senestre pour aucunes douleurs qui viennent entour la rate. et doit on selon que la personne est gras ou maigre a quatre doys pres de lincision: Mais telle saignee ne doit on point faire sans conseil du medecin.

K ⸿ En chascun pie sont trois vaines. dont en y a vne soubz la cheuille du pie par dedens qui sapelle sophane. laquelle on saigne pour diuertir et d iminuer et mectre hors plusieurs humeurs pour bosses et apostumes qui viennent autour des aignes et si vault moult aux femmes pour faire venir leurs menstrues en bas et aux fix et emoroides qui viennent es parties secretes et autres parties et maladies semblables. h iii

ꝉ ⁋ Ité entre le cop
du pie et le gros ar
teil a Ꝟne Ꝟaine: la
ꝗlle on laigne pour
pluſieurs maladies
et incõueniens cõme
epidimie ꝗ prent lou
Ꝟainement par trop
grant habondance
de humeurs ⁊ ce fait
ceſte ſaignee dedens
Ꝟng iour naturel.
Ceſtaſſauoir. ꝗꝗiiii.
heures depuis que
la maladie eſt prinſe
au pacient: et auant
que le pacient aye fie
ure. et doit on faire
bonne ſaignee ſelon
que le pacient eſt.

⁋ Par ceſte figure
on cõgnoiſt le nõbie
des Ꝟaines ⁊ les pla
ces du coips ou elles
ſont eſꝗlles on peult
faire ſaignee: et non
ailleurs. poſe ꝗl ſoit
iour bõ pour ſaigner
que la lũe ne ſoit no
ueſſe ne plaine ny en
quartier. et ꝗlle ſoit
en auãt ſigne deuãt
nõmes bon pour ſai
gner.ſi non que tel ſi
gne fut celuy qui do
mine le mẽbie: ou ꝗl
on Ꝟeult ſaigner car
lois ny conuiendioit
toucher. auſſi que ne
fut le ſigne du ſoleil

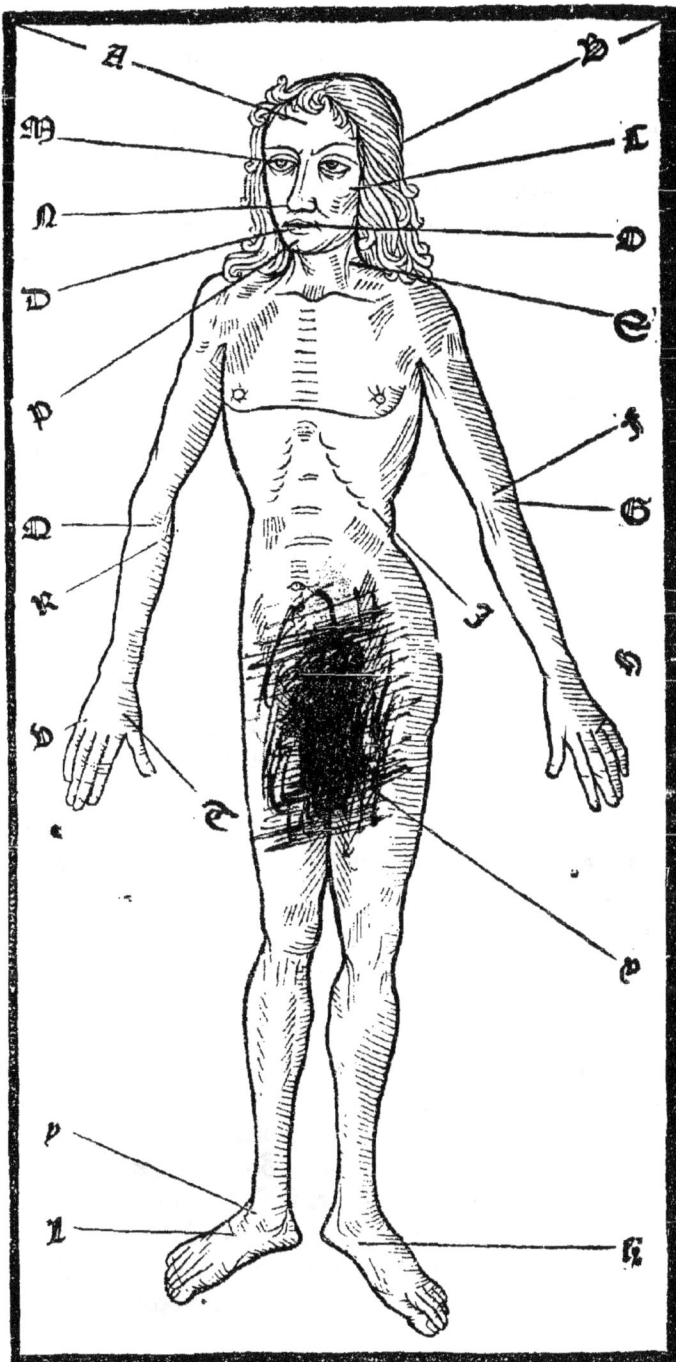

M Es angles des peulx sont deux vaines lesqlles on saigne pour les peulx rouges et larmeux ou qui pleurent continuelement: et pour plusieurs maladies qui y peuent venir par trop grant habondance de humeurs et de sang.

N Au bout du nes on fait une saignee laqlle vault moult au visaige rouge et bibeloux comme sont goutes rouges pustules boutereaulx et autres infectiõs de cueur qui peuent venir en icelluy par trop grant replexion et habondance de sãg et de humeurs et si vault cõtre polippe de nes ⁊ autres maladies sẽblables.

O En la bouche es genciues sont quatre vaines cestassauoir deux dessus et deux dessoubz: lesqlles on saigne pour les eschaufaisons et chancre de la bouche et contre douleur des dens.

P Entre la lieure et le menton a une vaine quon saigne pour donner amen dement a ceulx qui se doubtent dauoir lalaine puante.

Q Es deux bras en chascun sont quatre vaines dont la vaine du chief est la plus haulte. sa secõde deprés est celle du cueur. sa tierce est celle du foye. la quarte est celle de la ratte autrement dicte basse vaine du foye.

R La vaine du chef prise au bras doit on saigner pour oster et diuertir la grãt replexion et habondance de sang lequel pourroit nuire au chef: ou aux peulx ou au ceruel: et si vault moult aux chaleurs transmuables. et aux enfleures de la gorge. et a ceulx a qui le visaige enfle et rougist. et a moult dautres maladies qui peuent venir par trop de sang.

S La vaine de la ratte autremẽt dicte basse vaine doit estre saignee cõtre toutes fieures tierces et quartes. et en icelle doit on faire plus large playe et moing profõde que en nulle autre vaine pour ce quelle pourroit cueillir vẽt ⁊ de peur de plus grãt incõueniẽt pour ung nerf qui est dessoubz que nous appellõs lezard.

T Es deux mains a en chascũe trois vaines dõt celle de dessus le poulce on doit saigner pour diuertir et oster la grant chaleur du visaige. et pour beaucoup de gros sãg ⁊ de humeurs q̃ sõt au chef celle vaine euacue plus que celle du bras.

V Entre le petit doy et le doy appellé myre on fait une saignee laqlle vault moult contre toutes fieures tierces et quartes.et contre colles. et contre plusieurs autres empeschemens qui viennent au pis et a la ratte.

X Es cuisses sõt deux vaines cestassauoir en chascune cuisse une au plat. de laqlle la saignee vault moult aux douleurs et enfleures des genitoires. et pour faire diuertir et mectre hors plusieurs humeurs qui sont es aignes.

Y La vaine q̃ est soubz la cheuille du pie p dehors se nõme saiat dõt la saignee vault moult aux doleurs ⁊ maladies des hãches et pour faire separer ⁊ mectre plusieurs humeurs hors qui en ce lieu se veulent assembler. et vault moult aux fẽmes pour restraindre leurs menstrues quãt elles en ont trop grãt habõdance.

¶ fenissent les nothompe et fleubothompe de corps humain. et comme on les doit entendre.   h iiii

Ap deuant nous auons dit le regart des planetes sur les parties de lomme. et la diuision et nombre des os du corps humain ensuit a congnoistre quant aucun homme est sain: ou malade: ou dispose aucune ment a maladie. Pour quoy trois choses sont par lesquelles bergiers con gnoissent quant vne personne est saine ou malade ou dispose a maladie. Sil est sain: soy maintenir et garder. Sil est malade: soy guerir ou querir remede. Et sil est dispose a maladie: soy pourueoir que ny enchiee. ¶ Et pour chascune desdictes trois choses congnoistre et sauoir: mettent iceulx bergiers plusieurs signes. ¶ Sante proprement est temperance accord et equalite des quatre qualites de lomme. qui sont: Chaleur/ froideur/ Se cherresse/ et Moiteur. Lesquelles quant sont egales et bien attempees que lune ne surmonte lautre adoncques le corps de celluy est sain. mais quant sont inegales et distemperees que lune domine lautre. lors est malade ou dispose pour lestre. Et sont les qualites que les corps tiennent des elemens desquelx sont faitz et composes. cestassauoir du feu chaleur. de leaue froi deur. de lair moiteur. et de la terre seicheresse. Desquelles qualites quant lune est demoderee des autres selupt quon est malade. Et se lune destruit lautre du tout adonc on est mort.

¶ Signes par lesquelx bergiers congnoissent
lomme estre sain et bien dispose en son corps.

¶ Le premier signe a quoy congnoissent bergiers lomme estre sain et bien dispose en son corps est quant mangue et boit bien selon la conuenance de la faim et soif quil a sans faire exces. Item quant il digere bien tost et que ce quil a mange et beu nefforce point son estomach. Item quant il treuue bonne saueur et bon appetit en ce quil mangue et boit. Item quant il a faim et soif aux heures quil doit manger et boyre. Item quant il sesioupst auec ceulx qui sont ioyeulx. Item quant il iue voulentiers quelque iu de recreacion auec ses compaignons de ioyeulx couraige. Item quant il va vo lentiers aux champs et bois pour prendre laer et soy esbatre par my les champs ou emprès leaue. Item quant il mange voulentiers et de bon appetit du beurre/ du fromaige/ des flans/ et du lait des brebis sans laisser quelque remenant en son escuelle pour enuoyer a lospital. Item quant il boit bien sans resuer ne songer ou faire chasteaux en espaigne. Item quant il se sent leger et que il chemine bie. Item quant il sue tost et que peu ou point il nestar nue. Item quant il nest point trop gras ne aussi trop maigre. Item quant il a bone couleur au visaige. et que ses sens sot tous bie disposes pour leurs operacions faire: come ses yeulx a regarder/ses oreilles a ouyr/ son nes a odorer. et ainsi des autres iouste la conuenance de lcaige et la disposicion de son corps et aussi du temps. Dautres signes mectroient. mais ceulx icy sont les plus comuns. et qui doiuent souffire pour bergiers.

¶ Signes opposites aux precedens par lesquelz bergiers congnoissent quant eulx ou autres sont malades.

¶ Premierement quant on ne peult bien manger ou boyre: ou que on na point appetit a heure de manger comme de disner ou souper. ou quant on ne treuue bonne saueur en ce quon mangue et boit. ou quant on a faim et on ne peult manger. ou quant on ne fait pas bonne digestion. ou quelle est trop longue. Item quant on ne va pas a chambre modereement comme on doit. Item quant on est triste ou point ioyeulx en compaignie ou on se deuroit estre. lors maladie contraint et fait estre comme triste. Item quant on ne peult dormir ou predre son repos a droit et quil est heure. Item quat on a les membres pesans. la teste les bras ou les iambes. Item quant on ne peult cheminer legierement. ou que on ne sue point souuent. Item quat on baaille souuent. Item quant on esternue souuent. Item quant on estend se bras souuent. Item quant on a couleur passe ou iaulne. Item quant les sens comme les yeulx/oreilles. et autres ne font bien leurs operacions. Item quant on ne peult labourer ou trauailler. Item quant on oublye legierement ce que est necessaire a souuenir. Item quant on crache souuent. Item quant les narines habondent en superfluites de humeurs Item quat on est negligent en ses euures. Item quat on a la chair enflee ou boffie le visaige les iabes ou les pies. ou quat on a les yeulx chassieux Sont les signes qui segnefient estre comme malade. et qui plus a desditz signes tant plus est malade.

¶ Autres signes presques semblables aux dessusditz et demon strent replexion de humeurs mauluaises pour sen purger.

¶ Replexion de mauluaises humeurs est disposicion a maladie selon lop pinion des bergiers. Laquelle replexion est congnoistre pour faire purger les dictes humeurs quelles nengendrent maladie. et sont congnues par les signes qui sensuyuet. ¶ Premieremet quant on a trop grant rougeur au visaige es mains ou es ongles. Item auoir les vaines plaines de sang. Item saigner du nes trop souuet z legieremet. Item auoir mal au front. Item quant les oreilles cornent. Item quant les yeulx pleurent ou sont chassieux. Item auoir lentedemet trouble. Item quant le poux va legie remet. Item quant le ventre est resolu longuemet. Item quant on a la su miere troublee. Item manger z nauoir point appetit. Et tous les autres signes deuat ditz sont par lesquelz on congnoist le corps estre mal dispose et auoir en soy humeurs corrumpues superflues ou mauluaises.

¶ Vne diuision du temps et regime du quel bergiers
Vsent selon que la saison et temps requierent.

Pour remedier aux maladies quon a/ et soy garder de celles quon
doubte aduenir: disent bergiers que le temps naturelement se change
quatre fops en lan. et ainsi diuiset lan en quatre parties qui sot: Printeps
Este, Antom, et puers. Et en chascune de ces parties se gouuernet selon
que la saison requiert a leur entendement et bien leur en prent. Et comme
les saisons se changet: aussi changet facon et maniere de Viure et de faire
disant que changement de temps qui bien ne sen garde souuent engendre
maladie. par ce que en Vng temps ne conuient pas Vser daucunes Vian
des lesquelles sont bonnes en autre: comme en puers daucunes desquelles
on Vse en este. ou en este de toutes celles quon Vse en puers. ¶ Et pour
congnoistre le changement du temps selon ces parties considerent le cours
du souleil par les douze signes. et dient que chascune desdictes quatre par
ties et saisons dure trois moys : et que le souleil y passe par trois signes.
cestassauoir en printemps par Pisces/Aries/et Taurus. et sont ses moys
feurier/Mars/et Auril. que la terre et les arbres sesioupssent et chargent
Verdure feulles et fleurs. et moult les fait beau Veoir. En este par Gemi
ni/Cancer/Leo. et sont ses moys May/Juing/Juillet: que les fruictz de
terre et des arbres se grossissent et meurent. En antom par Virgo/Libra
Scorpio. et sont ses moys Aoust/Septembre/Octobre. que la terre et les
arbres deschargent fruictz et feulles: et est le temps quon doit amasser et
cueillir les fruictz. En puers par Sagitarius/Capricornus/Aquarius.
et sont ses moys Nouembre/Decembre/Januier. que la terre et les arbres
sont comme secz mois et deuestus de fueilles fruictz et de toute Verdure.
¶ Selon lesquelles quatre saisons bergiers diuisent le temps que lomme
peult Viure en quatre eages q sont: Jeunesse/force/Dieflesse/et Decrepite:
et se rapoitet aux quatre saisons de lan. cestassauoir Jeunesse au printeps
qui est chault et moite et cõe les arbres et fruictz de sa terre croissent. si fait
lomme ieune iusques a.xxV.ans croit de corps en force beaute et Vigueur
force se rapoite au temps deste chault et sec: ou le corps de lomme est en sa
force et Vigueur. si se meure iusques a.plV.ans. Dieflesse est comparee au
temps Batom froit et sec que lõme se descroist et affeibly et pense damasser
pour peur dauoir deffaulte quant Viendra Vieulx. et dure iusques a.lxVi
ans. Decrepite semble au temps dpuers froit et humide par habondance
des froides humeurs et faulte de chaleur naturele. ou quel eage lõme des
pend ce qil a acqs et amasse son temps passe. et sil na riens espargne demeure
poure et nud cõe la terre et les arbres et dure iusques a.lxxii.ans ou plus.

Printemps est moite et chault nature de fair z complexion du sanguin Esté est chault et sec nature du feu et complexion du collerique. Antom est sec et froit nature de terre et complexion du melecolique. puer est froit et moite nature de eaue et côplexion du fleumatique. Quât vne côplexion est bien proporcionee elle se sent mieulx disposee ou têps au quel elle est semblable que ne fait aux autres. mais car chascun nest pas bien côplexionne si doit faire côme bergiers font. prêdre regime selon les saisons. soy garder et gouuerner par les enseignemês desquelx vsent en chascune des parties de lan pour viure sainemêt longuemêt et iopeusement.

℘ Regime pour le printemps. mars/auril/et may.

℘ En printêps bergiers se tiênent assez bien vestus dabillemês ne trop frois ne trop chaultz comme de tiretaine/pourpoins de futainnes/robes moyennement longues et se fourrent daignelx plus communement. En ce têps se fait bon saigner pour oster les humeurs mauluaises que en lyuer se sont amassees ou corps. et sus leste pourroient engendrer fieures: aussi pour temperer la chaleur du corps. Si maladies aduiennent en printemps nest pas de sa nature mais procedêt des humeurs amassees en lyuer passe Printemps est vng têps actrempe pour prêdre medianes a ceulx qui sont charnus et plains de grosses humeurs pour eulx purger. en cestuy têps on doit manger legieres viandes qui refroident côme poussins/cheuriotz au verius/iothes de artasses/de borraches/de bettes/et brouetz de moyeux doeufz/oeufz au verius/brouches/perches/et tous poissons a equaille/ boire vin têpere qui ne soit trop fort ne trop doulx car en ce têps de toutes choses doulcees on se doit garder den vser/et doit on dormir tague matinee et non point dormir sur le iour. vne rigle generale pour tout têps bergiers ont qui vault moult contre toutes maladies: cest que pour manger on ne perde son appetit et quon ne mangue iamais iusques a saturite. Item et que toutes chairs et poissons sont meilleures roties que boullies et que les boullies amendent destre grisillees sur les charbons.

℘ Regime pour le temps deste. iuing/iuillet/aoust.

℘ En este bergiers sôt vestus de robes froides z legieres/leurs chemises et draps esquelx couchent sont de lin. car sur tous draps nen est point de plus froit/ilz ont pourpoins de soye destamine ou de toille deliee et mangent legieres viandes côme poussins au verius/leuraux/ieunes cônins lectues/pourcelaine/melons/citrons/coordes/poires/prunes/et les poissons que nous auons deuant nommes. Et aussi manguent de toutes

Viandes qui refroident. Auffi mangēt peu ¿ fouuēt defieunēt ou difnent
matin auant que le fouleil monte ¿ fouppēt deuant quil fe couche ¿ Vfent
affez des fufdictes Viandes et de chofes aigres pour donner appetit. Se
gardent de manger trop falle ¿ de eufx grater. Boiuent fouuēt eaue frefche
Bouffue auec feucre, ptifaine, et eaues qui refroident, et cecy font a toutes
heures que appetit leur prent de boyre. fors a heure de manger, difner ou
fouper que boyuent Vin feible. Verdelet, et mefle deaue le tiers ou demy.
Auffi fe gardent de trauailler trop et de eufx efforcer. Car en ce temps neft
chofe que plus fes grefue que trop eufx efchauffer. En ceftup temps fe gar
dent de coucher auec femmes, et fe baignent fouuēt en eaue froide pour la
feible chaleur qui eft dedēs le corps efforcee par celle de dehors. Toufiours
ont auec eufx fucre Violet autre fucre ¿ diagee de quoy Vfēt peu et fouuēt
et en tout tēps le matin parforcent par touffir cracher moucher de Vuider
les flumes engendrees la nuit. fe Vuident par hault par bas mieulx que
peuent. lauent leurs mains deaue frefche leurs bouches et Vifaiges.

⸿ Regime pour antom. feptembre, octobre, et nouembre.

⸿ En antom bergiers fōt Veftus a la maniere de printēps: excepte que
leurs draps fōt ung peu plus chaultz. Et en ceftup tēps fe diligētent de
eufx purger et faigner pour temperer les humeurs de leurs corps. Car ceft
la faifon de lan plus maladiue. en laqlle perilleufes maladies aduiēnent
et pour ce mangēt bōnes Viādes. ficōme chapons, poules, ieunes pigons
qui commēcent a Voler et boyuent bon Vin fans eufx trop templir. En ce
tēps fe gardent fongneufemēt de manger fruit. Car ceft la faifon de tout
lan plus dāgereufe a fieures. Et diēt que ceftup neut onques fieures qui
onques ne manga de fruictz. En ce tēps ne boyuent point deaue. et fi ne
lauēt en eaue froide fors que les mais ¿ le Vifaige. Ilz gardēt leurs teftes
du froit de la nuit ¿ de la matinee. et fi fe gardēt de dormir entour midy.
et de trauailler trop, ne endurēt faim ne foif, fi mangēt quāt en ont talent
non pas quen foiēt plus pefans ne que en ayēt la forcelle enflee.

⸿ Regime pour le tēps dyuer. decembre, ianuier, feurier.

⸿ En yuer bergiers fōt Veftus de robes de laine biē efpeffe de drap Vefu
hault tōdu fourre de renars. Car ceft la plus chaulde fourrure que puiffēt
Veftir. chatz font bons, fi font cōnins, lieures, et autres fourrures a long
poil qui fōt efpeffes. en ce tēps bergiers māgēt chair de beuf, et de porc, de
cerf, de biche, ¿ de toute Venaifō, perdris, faizās, lieures, oifeaux de riuiere
et autres Viandes que apmēt le mieulx ¿ peuent auoir. Car ceft la faifon
de lan que nature feuffre plus grāt plante de Viāde pour la naturelle cha
leur qui eft retiree dedens le corps. en ce tēps auffi boiuēt Vins fors chafcū
felon fa cōplexion Vin Baftart ou de ozoie deux ou trois foys la fepmaine

bſons de bônes eſpices en noz viandes. car ce têps eſt le plus ſain de ſan.
Du quel ne viendra ia maladie fors par grans excces et oultraiges faiz a
ſa nature ou par mauſuais gouuernement.

¶ Dient auſſi les bergiers que printêps eſt chault et moiſte de ſa nature
de lair: et complexion du ſanguin. et que en icelluy temps nature ſeſiouiſt
et le ſang ſe eſpant par my les vaines plus quen autre temps. Eſté eſt
chault et ſec de ſa nature du feu et complexion du colerique. ou quel têps
on ſe doit garder de toutes choſes qui eſmeuuent a chaleur. tous excces et
de viandes chauldes. Antom eſt ſec et froit de ſa nature de terre et côple
xion du meſencolique: ou quel temps on ſe doit garder de faire excces plus
que en autre temps pour danger des maladies: eſquelles celluy temps eſt
diſpoſe. Mais puers eſt froit et moiſte de ſa nature de leau et complexion
du fleumatique que ſôme ſe doit chaudemêt moiênemêt tenir pour viure
ſainement. ¶ Icy doit on noter que tout hôme eſt fait et forme des quatre
elemens deſquelx touſiours vng a ſeignourie ſur les autres. et celluy ſur
qui le feu a ſeignourie eſt dit colerique. reſt a dire ſec et chault. Celluy ſur
qui lair a ſeignourie eſt dit ſanguin. ceſt a dire chault et moiſte. Celluy ſur
qui leaue a ſeignourie eſt froit et moiſte. ceſt le fleumatique. Et celluy ſur
qui la terre ſeignourie eſt meſencolique. ceſt a dire ſec et froit. Deſquelles
côplexions ſera parle au cômencement de phizonompie plus largement.

¶ Neſcio quo cequo ſenta papauere dormit
Mens: que creatorem neſcit iniqua ſuum
En iterum toto lingua crua figitur orbe:
En iterum patitur dira flagella deus
factorem factura ſuum ſtimulante tyrannu
Delictis factis deſerit orba ſuis
Inde fames venit. inde diſcordia regum
Inde cananeis preda cibuſqʒ ſumus
Inde premit gladius carnalis ſpiritualem
Et vice verſa ſpiritualis eum
Hinc ſubitos atropos predatrix occupat artus
Nec ſinit vt doleat peniteatqʒ miſer
Iure vides igitur q̃ recta ligamina nectit
Immundus mundus hec duo verba ſimul

¶ finit la phiſique et regime de ſante des
bergiers. ¶ Senſuit leur aſtrologie.

Celum celi domino
terram autem dedit
filiis hominū. Non
mortui laudabūt te
domine neqʒ omnes
qui descendunt in in
fernū. Sed nos qui
viuim⁹ benedicim⁹
domino. Quoniam
videbimus celos tu
os opera digitorum
tuorū lunam est stel
las que tu fundasti.
quia subiecisti omīa
ſub pedibus nostris
oues et boues vni
uerſas in ſuper z pec
cora cāpi. Holucres
celi et piſces maris q̃
per ambulant ſemi
tas maris. Domine
dn̄s noster q̃ admi
rabile est nomē tuū.

Hi veuſt (cōme bergiers qui gardēt les brebis aux champs ſans ſauoir
les ſectres: mais ſeulemēt par aucunes figures quilʒ font en petites ta
bletes de boys) auoir congnoiſſance des cieulx, des ſignes, des eſtoilles, des
planetes, de leurs cours mouuemēs et proprietes. Et pluſieurs choſes côtenues
en ce preſent cōpoſt et kalendrier des bergiers ſeul eſt extrait et cōpoſe des leurs
kalenduers et mis en ſectre telle que chaſcun pourra cōprandre et ſauoir cōme
eulx les choſes deſſuſdictes. Premierement doit ſauoir que la figure et la diſpo
ſiciō du monde, le nōbre et ordre des elemens, et les mouuemēs des cieulx ap
partienent a ſauoir a tout hōme qui eſt de franche cōdicion, et de noble engin,
et eſt belle choſe delectable proffitable et hōneſte. et auec eſt neceſſaire pour auoir
pluſieurs autres cōgnoiſſāce en eſpecial pour aſtrologie dicte des bergiers pour
quoy eſt aſſauoir que ſe monde eſt tout rond ainſi que vne peloce. Et ſelon les
ſaiges bergiers neſt pas poſſible de trouuer vne peloce auſſi ronde que ſe mōde
eſt: car il eſt plus rond que aucune choſe artificielemēt faicte de quelque bon ou
urier qui ſoit. Et que plus fort eſt en ce monde nous ne voyons ne iamais ver
rons aucune choſe ſi iuſtemēt et equalemēt ronde cōme ſup meſme eſt. et eſt com
poſe du ciel et des quatre eſemēs ces cinq principales parties. Apres doit ſauoir
que la terre eſt ou milieu du monde car ceſt le plus peſant eſement. Sur la terre

est seaue ou la mer. mais elle ne couure pas toute la terre affin que les hõmes et
les bestes y puissent viure. et la partie descouuerte est dicte la face de la terre. car
elle est cõme la face de lõme tousiours descouuerte. et la partie qui est couuerte de
mer est cõe le corps de lõme qui est vestu et ne le voit on point. Sur leaue est lair
qui enclost terre et mer. et est diuise en trois regions: Vne basse ou habitẽt bestes
et opseaulx. Vne moiẽne ou sont les nues en laqlle se font impressions cõe escleres
tõnairres et aultres: et es tousiours froide. la tierce est plus haulte ou na ne vẽt
ne pluye ne fouldre ne aultre impression. ꝗ sont aucũes mõtaignes qui attaignẽt
iusques la cõme est olimpus qui ataint la plus haulte region de lair et le elemẽt
du feu monte iusques au ciel. et les elemẽs soustiẽnẽt les cieulx cõe les colõnes
soustiẽnẽt vne maison. de telles mõtaignes en y a vne en afftique nõmee atlas
Apres est le element du feu qui nest ne flambe ne charbon. mais est pur et iuisible
pour sa tresgrant clarte. car dautãt que leaue est plus clere et legiere que la terre:
et lair plus cler et leger que leaue. dautãt le feu est plus cler leger et beau que lair
et les cieulx a lequipollent sont plus clers legiers et beaulx que nest le feu. Lequel
tourne auec le mouemẽt du ciel. aussi fait la prouchaine region de lair: en laqlle
se gendrẽt comettes qui sont dictes estoilles a cause de ce que sont luysantes ꝗ mo
uent cõme les estoilles. Selon aucũs bergiers le feu est inuisible pour sa subtilite
et non pour sa grãde clarte. car dautãt que vne chose est plus clere dautãt est elle
plus visible pour tãt voit on bien les cieulx mais non le feu.car il est trop subtil
et beaucoup plus subtil que lair: lequel est inuisible pour la mesme cause:mais la
terre et leaue est espesse et pour tãt bien visible. ¶ Les cieulx ne sont propremẽt
ne pesans ne legers/ne durs ne moƚ/ ne clers ne espes/ne chaultz ne froiz/ ne si
nont ne saueur ne odeur/ ne couleur ne son. ne telles qualites fore qui sõt chaultz
en vertu: car ilz peuẽt causer chaleur icy bas par leurs lumieres par leurs moue
mens ꝗ par leurs influãces. et sont ipropremẽt durs car ilz ne peuẽt estre diuises
ne cassees. et aussi sont impropremẽt couloutes de lumiere en aucũes parties. et si
sont espes cõme est la partie dicte estoille. Esquelx ne peult estoille ne autre ptie
estre adioustee ou ostee.ꝗ ne peuẽt croistre ne appetisser ou estre dautre figure que
ronde.ne se peuẽt muer ne chãger. ne epirer ne enueillir. ne estre cõrũpue ne alte
res. fors aucunemẽt en lumiere seulemẽt cõme en tẽps declipse de soleil ou de lune
et ne peuẽt arrester ne reposer/ne tourner dautre guise/ ne plus tost ne plus tart/
ne en tout ne en partie/ne eulx auoir autremẽt que selon leur cõmun cours: se ne
stoit par miracle diuin. et pour ce sont les cieulx et estoilles dautre nature que les
elemẽs. et choses qui en sont cõposees lesquelles sõt trãsmuables et corruptibles.
¶ Les elemens et toutes choses qui en sont cõposees sont enclos dedens le pmier
ciel cõme le moyeul de leuf est enclos en laubun. et le pmier ciel est enclos du secõd
et le second dedens le tiers. et ainsi des autres. Le premier ciel prouchain des ele
mẽs est le ciel de la lune. Aps est le ciel de mercure. Apres est le ciel de venus. puis
le ciel du soleil. puis celuy de mars. puis celuy de iupiter. et aps celuy de saturne

Et sont les cieulx des planetes selon leur ordre. Le. viii. ciel est des estoilles
fichies et sont ainsi dictes pour ce que mouet plus regulieremet et toutes dune
guise que ne font les planetes puis par dessus est le premier mobile ou quel na.
part chose que Bergiers puissét veoir. Aucūs Bergiers diét que par dessus ces ix
cieulx en a vng dit imobile par ce que ne tourne point. Dessus seul en est vng
autre qui est de cristal: par sus lequel est le ciel imperial: ou quel est le trosne de
Dieu. Desquelz cieulx napartiét a Ber giers den parler. mais seulemét du pmier
mobile: et ce quil contient tout ensemble appellent le monde. Dune chose se mer
ueillent moult: cest côme Dieu a distribue les estoilles que nen a mis nulles au
ix ciel. et il en a tant mis au viii que on ne les sauroit nôbier. et es autres sept
cieulx nen a mis fors en chascun vne tant seulement. en appellant estoilles le
souleil et sa lune. et tout ce appert par la figure cy dessus.

Aucuns mouuemens sont des cieulx et planetes qui excedent les en
tendemens des bergiers comme est le mouuement du firmament
ou quel sont les estoilles contre le premier mobile en cent ans dun degre et
le mouuement des planetes en leurs epicicles: desquelz cõbien que bergiers
nen soient ignorans du tout si nen font point icy mẽcion: car leur souffit
seulement de deux: dont lun est de orient en occident par sur la terre. et de
occidẽt en orient par dessoubz: qui est dit mouuemẽt iournel: cest a dire qui se
fait de iour en iour en xxiiii.heures par lequel mouuemẽt le iĵ ciel cest le prẽ
mier mobile tire auec soy ⁊ fait tourner les autres cieulx qui sõt dessoubz luy
¶ Lautre mouuemẽt est des sept planetes et est de occidẽt en oriẽt par sus
la terre et de orient en occidẽt par dessoubz: et est cõtraire au premier: et sõt
les deux mouuemẽs de cieulx que bergiers congnoissent: lesquelz cõbien que
soient opposites si se font ilz cõtinuelemẽt et sont possibles cõme monstrẽt
par exemple. ¶ Si vne nef sur leaue venoit de orient en occident et vng
hõme estoit dedans celle nef en la partie vers occidẽt: et de son mouuemẽt
propre cheminast dens la nef tout bellement contre orient cestuy hõme mo
ueroit a double mouuemẽt. desquelz lun seroit de la nef et de luy ensemble:
et lautre seroit son mouuement propre quil fait tout bellement contre orient.
¶ Semblablemẽt les planetes sont transportees auec leurs cieulx de oriẽt
en occidẽt par le mouuement iournel du premier mobile. mais plus tart et
autremẽt que les estoilles fixes par ce que chascũ planete a son mouuemẽt
propre contraire au mouuemẽt des estoilles. et par ce en vng mops la lune
fait vng tour moingz enuiron la terre. que ne fait vne estoille fiche: et le
souleil vng tour moing en vng an: et les autres planetes en certain tẽps
chascune selon la quantite de son propre mouuement. Ainsi appert que les
planetes mouent a deux mouuemens. ¶ Aucuns bergiers dient que pose
par ymaginacion que tous les cieulx cessassent de mouoir du mouuement
iournel: cest de orient en occident encore la lune feroit vng tour ou vng cir
cuit en allant de occident en orient en autant de temps comme dure main
tenant.xxvii.iours. et.viii.heures. et mercure / et venus / et le souleil se
roient pareil tour en lespasse dun an. et mars en deux ans ou enuiron. et
iupiter en.xii.ans ou enuiron. et saturne en.xxx.ans ou euiron. Car main
tenant font ilz leurs tours ou reuolucions: et acomplissent leurs propres
mouuemens es espasses de temps cy nommes. ¶ Le propre mouuement des
planetes nest pas tout droit de occident en orient mais est ainsi comme en
bihaiz et le voiẽt bergiers sensiblemẽt: car quant regardẽt en vne nuit la
lune deuant vne estoille la seconde nuit ou la tierce la voient derriere non
pas tout drois vers oriẽt mais sera tiree vnefops vers septẽtrion et au
tresfops vers midi: et cecy est pour cause de la latitude du zodiaque ou que
sont les.xii.signes: et soubz lequel mouent les planetes.

ꝰD concaue du premier mobile bergiers pmaginêt estre deux cercles
et y sont realement: lun gresse côme vng filet: et appessent cestuy
eꝗnoctial. et lautre sarge en maniere dune cincture sarge ou dun chapeau
de fleurs: lequel appessent zodiaque. et ces deux cercles se intersequent et
diuisent lun lautre egasement. mais non pas droictemêt. car le zodiaque
croise en bihaiz. et ses endrois ou se croisent sont ditz equinoxes. ❧ pour
entendre sequinoctial on doit sensiblement tout se ciel tourner dorient en
ocadent. et ce est appesse mouuemêt iournel: si doit on imaginer vne ligne
droicte qui passe par my sa terre denant dun bout du ciel a lautre: entour
saquesse ligne est fait ce mouuement et ses deux boutz sont deux pointz ou
ciel qui ne mouêt point ꝗ sont appesses ses poses du monde. desquesz lun
est sur nous pres de sestoisse de noit qui tousiours nous appart ꝗ est se pose
artique ou septentrional. et lautre est soubz terre tousiours muce appesse
pose antartique ou pose austral. au misieu desquesz poses ou premier mo
bise est se cercse equinoctial egasement distant vne partie comme sautre
desdis poses.ꝗ selon ce cercse est fait ꝗ mesure se mouuemêt iournel de ꝟoliii
heures cest vng iour naturel et est dit equinoctial pour ce que quant se sou
seis y est se iour et sa nuit sont egausy par tout se monde. ❧ Le zodiaque
sarge comme dit est ou premier mobile aussi est comme vne cincture gentil
sement ferree ou figuree des pmaiges des signes enfaissies soubtissement
et bien composees. et destoisses fiches ainsi comme descarboucses supsans
ou de precieuses gêmes psaines de grans vertus assises par mestrise tresno
blement parce: ou quel zodiaque sont quatre prinapase pointz qui se diui
sent egasement en quatre parties. vng haust dit se solstice deste. ou quel
quant se souseil est entre en cancer et est se psus song iour deste. vng autre
bas dit se solstice dyuer: ou quel quant se souseil est entre en capicornus ꝗ
est se psus court iour dyuer. vng autre moyen dit equinoctial danfon que
se souseil entre en sibra ou moys de septembre. ❧ lautre dit sequinoctial
de printemps que se souseil entre en aries ou moys de mars. Lesquesses
quatre parties diuisees chascune en trois parties egafes font ꝟii parties
qui sont appessees signes nômes Aries/taurus/gemini/cancer/seo/virgo
sibra/scorpius/sagitarius/capicornus/aquarius/pisces. Aries cômêce ou
sequinoctial croise se zodiaque:ꝗ quant se souseil y est: cômêce de siner: cest
a dire approcher de septêtrion ꝗ vers nous ꝗ se extend vers oriêt. aps est
taurus se secôd gemini se tiers. et ainsi des autres côme la figure cy aps se
môstre. Itê chascun signe est deuise en ꝟꝟꝟ degres.ꝗ sôt ou zodiaque trois
cens sy degres. ꝗ chascun degre diuise par sy minutes. chascune minute en
sy secons. chascal second en sy tiers. et souffit pour bergiers ceste diuision.

¶Bergiers cognoissent
vne variacion soubtille
ou ciel. et est car les estoil
les fixes ne sont pas soubz
les mesmes degres ou sig
nes du zodiaque quelles
estoient quant furent crees
a cause du mouuement du
firmament ou quel elles
sont contre le premier mo
bile en cent ans du degre
pour la quelle mutacion
le soleil peult auoir autre
regart a vne estoille: et
aultre significacio qui n
uoit le temps passe et mes
mement quant les liures
furent faiz par ce que le
stoille a change le degre
ou le signe soubz qui elle
estoit. Et cecy fait faillir
souuent ceulx qui prenosti
quent et font iugemens
futurs. ¶Tous cercles
du ciel sont gresles fors le
zodiaque qui est large. et
contiet en longueur trois
cens lx degres. et en lar

Solstice Deste

Equinoce Dauton

Equinoce de printemps

Solstice Dyuer

Sis signes par lesquelz le soleil descent du solstice deste au solstice dyuer

Sis signes par lesquelz le soleil monte du solstice dyuer au solstice deste

geur vii. laqlle largeur est diuisee par le droit milieu six degres en vng coste
et six dautre et est faicte ceste diuision par vne ligne nommee ecliptique: laqlle
ecliptique est le chemin et voie du soleil car iamais le soleil ne part de desoubz
ceste ligne et ainsi est tousiours ou milieu du zodiaque mais les autres plane
tes tousiours sont dun coste ou dautre de ceste ligne sinon quat sont en la teste
ou en la queue du dragon comme la lune tous les mops y passe deux foys et
si aduiet que soit quant se renouuelle il est eclipse de soleil: et si sest en plaine
lune et quelle soit soubz le nadir du soleil. si sest droictement il est eclipse gene
rale et si nest que vne partie on ne la voit point. Quat est eclipse de soleil elle
nest point generale par tous les climatz mais bien en aucan climat seulemet
mais quat est eclipse de lune elle est generale par toute la terre.

¶ De deux grans cercles cestassauoir lun meridien et lautre orizon qui se interseque̅t et croisent droictement.

¶ Meridien est grant cercle ymagine ou ciel qui passe par les poles du mo̅de et par le point ou ciel droit sur nostre teste: lequel est appelle zenich et touteffoys que se souleil est venu de orie̅t iusques a ce cercle il est midi: et pour ce est appelle meridien. Et la moitie de ce cercle sur terre et lautre dessoubz qui passe par le point de minuit droictement oppposite a zenich et qua̅t le soleil attouche celle partie du cercle il est minuit. Et se vng ho̅me va vers orient ou vers occide̅t il a nouuel zenich et nouuel meridien. Et pour ce est plus tost midi a ceulx qui sont vers orie̅t que a ceulx qui sont vers occide̅t et si vng ho̅me est tousiours en vng lieu son meridie̅ est tousiours vng ou sil va droit co̅tre midi ou vers septe̅trion mais ne se peult remuer quil nait autre zenich: et ces deux cercles meridie̅ et orizon se interseque̅t et croise̅t droicteme̅t. ¶ Orizon est vng grant cercle qui diuise la partie du ciel laquelle nous voyons de celle laquelle ne voyons pas: et dient bergiers que se vng homme estoit en plat pays verroit iusteme̅t la moitie du ciel laquelle appellent leur emispere. cest a dire demie espere: et est orizon ioingna̅t presque a la terre du quel orizon le centre cest le milieu est la place en laquelle nous sumes. ainsi chascun est tousiours ou milieu de son orizon. et zenich en est le pole et comme vng ho̅me se transporte de lieu en autre il est en autre endroit du ciel et a autre zenich et autre orizo̅.
¶ Tout orizon est droit ou oblique: ceulx ont droit orizon qui habitent soubz lequinoctial et ont leur zenich en lequinoctial: car leur orizon interseque et diuise lequinoctial droictement par les deux poles du monde tellement que nul des poles nest esleue sur leur orizon ne deprime dessoubz. mais ceulx qui habitent ailleurs que soubz leqnoctial ont orizon oblique car leur orizon interseque et diuise lequinoctial en bihaiz et non pas droit et leur appert tout te̅ps vng des poles du mo̅de esleue dessus leur orizon et lautre leur est tousiours muce que ne se voient point: plus ou moingz selon diuerses habitacions et selon que on est eslongne de lequinoctial. et tant plus est le pole esleue tant plus est lorizon oblique. et lautre pole de prime. Et est assauoir que auta̅t a il de distance de lorizon au pole co̅me il en y a du zenich a lequinoctial. et que zenich est la quarte partie de meridien: ou le milieu de larc iournel du quel les deux bous sont sur lorizon Item et que du pole iusques a lequinoctial est la quarte partie de toute la rondeur des cieulx. et aussi du cercle meridien puis quil passe par les poles. et croise lequinoctial droictement.

¶ Exemple de l'orizon de paris selon l'oppinion des bergiers sur lequel orizon dient que le pole est esleue plix degres pour quoy dict aussi que du zenich de paris a l'equinoctial sont plix degres ꝝ que de l'orizon iusques a zenich qui est la quarte partie du cercle meridien sont nonante degres. ꝝ du pole iusques a zenich sõt plix degres. ꝝ du pole iusques au solstice deste lx viii degres: ꝝ du solstice iusques a l'eqnoctial sont xxiii degres. ainsi sõt du pole iusques a l'equinoctial nonãte degres ꝝ est la quarte partie de la rondeur du ciel. De l'equinoctial iusques au solstice d'yuer a xxiii degres. ꝝ du solstice iusques a l'orizon xviii. Ainsi seroit l'equinoctial esleue sur l'orizon de paris plix degres. ꝝ le solstice deste lxiiii degres. Duquel solstice est le souleil a heure de midi le plus grant iour deste. Et lors entre en cãcer ꝝ est plus pres du zenich de paris et autres de nostre partie habitable que pourroit estre. ꝝ quant le soleil est ou solstice d'yuer le plus court iour de l'an heure de midi entre en capricornus. et n'est esleue celluy solstice sur l'orizon de paris que xviii degres. lesquelles eleuacions toutes facilemẽt on peult trouuer maisque on en congnoisse vne seulement et en chascune region pareillement selon sa situacion.

¶ De deux autres grans cercles du ciel et quatre petis.

¶ Deux grãs cercles sont ou ciel nõmes colures qui diuisent les cielx en quatre parties egales ꝝ se croisent droictemẽt passant l'un par les poles du mõde ꝝ par les deux solstices. ꝝ l'autre par les poles aussi et les deux equinoces. ¶ Le premier des petis est dit cercle artique cause du pole du zodiaque entour le pole artique. ꝝ son pareil est a son oposite nõme cercle antartique. Les autres deux sont nommes tropiques. l'un deste ꝝ l'autre d'yuer. Le tropique deste est cause du solstice deste commẽcement de cancer: et le tropique d'yuer du solstice d'yuer commẽcement de capricorne. et sont egalemẽt distãs l'un cercle de l'autre ¶ Icy doit on noter que les distãces du pole artique a u cercle artique. et la distance du tropique deste a l'equi noctial. et celle de l'equinoctial au tropique d'yuer. ꝝ du cercle antartique au pole antartique sont iustemẽt egales chascũe de xxiii degres ꝝ demy ou enuiron. Donc la distance de l'equinoctial ou tropique deste. ꝝ du cercle artique au pole sont ensemble xlvii degres. Lesquelz ostes du quartier d'entre le pole ꝝ l'eqnoctial ou il y a nonante degres reste quil en demeure xliii. qui sont la distance entre le tropique deste ꝝ le cercle artique. pareil lemẽt entre le tropique d'yuer ꝝ le cercle antartique. ꝝ sont ditz ces cercles petis: car ne sont si grãs que les autres touteffois sont ilz diuises chascũ par trois cens lx degres comme les plus grans.

i iii

¶ Du lieuement et reconsement des signes en lorizon.

¶ Orizon ꝛ emispere different. car orizon est le cercle qui deuise la partie du ciel laqlle nous voiõs de celle soubz terre que ne voiõs pas ꝛ emispere est celle partie du ciel sur terre que nous voiõs. Item orizon est vng cercle qui ne meut si non comme nous mouons de lieu en autre. mais emispere continuelemét tourne. car vne partie lieue ꝛ mõte sur nostre orizon. ꝛ lautre partie reconse ꝛ entre dessoubz. ainsi orizon ne lieue ny ne recose. mais ce qui viét dessus lieue ꝛ ce qui va dessoubz reconse. meridien aussi ne lieue ny ne reconse. Equinoctial est le cercle iournel qui lieue ꝛ reconse regulieremét autant en vne heure cõme en vng autre ꝛ tout en xxiiii heures zodiaque cercle large ꝛ oblique ou quel sont les signes lieue ꝛ reconse tout en vng iour naturel. mais non pas regulierement. car il en lieue plus en vne heure quen autre pour tant que nostre orizon est oblique ꝛ diuise le zo diaque en deux parties: dont lune tout téps est sur nostre orizon: ꝛ lautre dessoubz. Ainsi la moitie des signes se lieuét sur nostre orizon chascaljour artificiel tant soit petit ou long: et lautre moitie par nuit. pour quoy con uient que es iours qui sont plus briefz que les nuitz les signes lieuét plus tost. ꝛ es iours longz plus a loisir. ꝛ ainsi le zodiaque ne lieue pas regulierement en ces parties comme lequinoctial. mais y a deux fois lan va riacion. car la moitie du zodiaque qui est du commécemét de aries iusques en la fin de virgo tout ensemble met autant de temps a leuer comme la moitie de lequinoctial qui est decoste soy. ꝛ commencét a leuer en vng mo ment: ꝛ acheuent en vng moment aussi. Mais ceste moitie du zodiaque lieue au commécement plus tost ꝛ celle moitie de lequinoctial plus a loisir et ce est appelle leuer obliquement. Item lautre moitie du zodiaque qui est du commencement de libra iusques a la fin de pisces ꝛ la moitie de lequino cial qui est en coste soy. commencent ꝛ laissent a leuer ensemble. mais le quinoctial en celle partie lieue au commencement plus tost ꝛ le zodiaque plus a loisir. ꝛ ce est appelle leuer droit qui est tousiours plus leue de lequi noctial que du zodiaque: ꝛ neantmoingz fenissent ensemble. ¶ Epéple pour les deux mouemens qui sont ditz: comme se deux hommes alloient de paris a saint denis ꝛ partissent ensemble: mais au commécement lun cheminast plus tost: ꝛ lautre plus a loisir: cellup qui chemineroit plus tost seroit pmier au milieu du chemin que lautre: mais si de la cellup qui auoit chemine tost cheminoit a loisir: ꝛ lautre cheminast tost. aussi tost seroiét a saint denis lun comme lautre. ¶ Item la moitie du zodiaque depuis le commencemét de cancer iusques a la fin de sagitarius en leuant apporte plus que la moitie de lequinoctial: si que ceste moitie toute lieue droit: et lautre moitie du zodiaque lieue obliquement.

ℂ De la diuision de la terre et de ses regions.

ℂ Deuãt que parlons des estoilles ʒ cõgnoissance que bergiers en ont: dirons de la diuision de la terre ʒ de ses parties a leur oppinion. pour quop est a noter que la terre est comme ronde: ʒ pour ce ainsi cõme on va de pays en autre on a autre orizon quon nauoit: ʒ apparest autre partie du ciel. ʒ se vng hõme aloit de septẽtrion droit vers midi le pole artique lup seroit moingz esleue cest a dire appareistroit plus prochain de la terre: et sil aloit au cõtraire lup seroit plus esleue. cest a dire appareistroit plus hault ʒ pour ce sil aloit vers midi soubz vng meridiẽ tãt que le pole arti que fust moigz esleue sur sõ orizon par la ꝓꝓ ptie de la vi partie de lart meridien: il auroit passe la ꝓꝓ partie dune des vi pties de la moitie du circuit de la terre. ʒ lup seroit le pole moig esleue dũ degre ou au cõtraire tãt q̃l fust plus esleue dũ degre lors auroit passe vng degre du circuit de la terre de façõ le tous les degres ensemble sont trois cens ʒ lx ʒ contiẽt vng degre de la terre ꝓ liiii lieues ʒ demie ou enuiron. ℂ Et comme lospere du ciel est diuisee par les quatre mendres cercles: en cinq parties dictes cinq zones. Ainsi la terre est diuisee en cinq regions: desquelles la premiere est entre le pole artique ʒ le cercle artique. La seconde est entre le cercle artique ʒ le tropique deste. La tierce est entre le tropique deste ʒ le tropique dyuer. La quarte entre le tropique dyuer ʒ le cercle antartique La quinte entre le cercle antartique ʒ le pole antartique. ℂ Desquelles parties ou regions de la terre: Aucuns bergiers dient que la premiere ʒ la cinquiesme sont inhabitables pour trop grant froideur. car sont trop lointaine du soleil. La tierce qui est moiẽne est trop pres du soleil ʒ soubz sa vope ʒ est inhabitable pour trop grãt chaleur. Les autres deux parties. La seconde: Et la quarte ne sont trop pres du souleil ne trop loing: ainsi sont atrempees en chaleur ʒ froideur: ʒ pour ce sont habitables.e ny auoit autre empeschement: ʒ pose quil soit vray: si nest il possible de passer du trauers la region dessoubz la vope du souleil dicte zone torride pour aler de la secõde a la quarte: car aucuns bergiers y eussent passe qui en eussent parle: pour quop dient quil ny a region habitee que la seconde en laquelle nous ʒ tous autres viuans sumes.

ℂ De la variacion qui est pour diuerses habitacions et les regions de la terre.

ℂ Les bergiers dient que sil estoit possible que la terre fut habitee tout entour ʒ posent le cas quainsi soit. Premieremẽt ceulx qui habitẽt soubz lequinoctial ont en tout tẽps les iours ʒ les nuitz egalz: ʒ ont les deux poles du monde aux deux coingz de leur orizon: ʒ peuent veoir toutes les estoilles quant ilz voient les deux poles. ʒ le soleil passe deux foys

fan par fur leurs teftes ce eft quant il paffe par les equinoctiaulx. Ainfi le
foleil leur eft par vne moitie de lan vers le pole artique et par lautre moi
tie deuers lautre pole. et pour ce ont deux puers en vng an fans grant
froit: lun quant nous auons puer et lautre quãt nous auons efte. Sem
blablemẽt ilz ont deux eftez lun en mars quant nous auons printemps
lautre en feptembre quant nous auons antom̃. Et par ainfi ont quatre
folftice deux haulx quãt le foleil paffe par leurs zenich; et deux bas quãt
decline dune part ou dautre et ainfi ont quatre ombres en lan. car quant
le foleil eft es eqnocces deux foys lan. du matin leur ombre eft en ocidẽt
et du foir en oriẽt et a midi nont point dombre: mais quant le foleil eft es
fignes feptentrionaulx: leur ombre eft vers la partie des fignes. meridio
nalx. et au contraire. ¶ Secondement ceulx qui habitent entre lequino
cial et le tropique defte ont pareillemẽt deux eftez et deux puers et quatre
ombres en lan: et nont diff. rẽce des premiers fi nõ car ilz ont plus lõgz
iours en efte et plus cours en puer car comme on eflongne lequinoctial les
iours defte afongiffent. et en cefte partie de la terre eft le premier climat et
prefque la moitie du fecond et eft nommee arabie en laquelle eft ethyopie.
¶ Tiercemẽt ceulx q̃ habitẽt foubz le tropique defte ont le foleil fur leur
teftes le iour du folftice defte a midi. et tout le remenãt de lan ont ombre
cõe nous mais a midi plus petite que nous et en y a vne partie dethyope
¶ Quartement ceulx qui font entre le tropique defte et le cercle artique
ont les iours plus longz en efte que les deffufdis de tãt cõe ilz font plus
loing de lequinoctial et plus cours en puer et nõt iamais le foleil fur leur
tefte ne deuers feptentrion. Et en cefte partie de la terre nous habitons.
¶ Quintemẽt ceulx q̃ habitent foubz le cercle artique ont lecliptique du
zodiaque leur. orizon et quãt le foleil eft ou folftice defte ne leur recõfe poit
et ainfi ilz nont point de nuit. Vng iour naturel de xxiiii heures fembla
blemẽt quãt le foleil eft en folftice dpuer il eft vng iour naturel quilz ont
continuelemẽt nuit et que le foleil ne leur lieue point. ¶ Septemẽt ceulx
qui fõt entre le cercle artique et le pole artique ont en efte plufieurs iours
naturelz qui leur font vng iour artificiel fans nuit. et auffi en puer font
plufieurs iours naturelx efquelz ilz leur eft toufiours nuit. et tant plus
fapprouche len du pole tant eft le iour artificiel defte plus grãt et dure en
vng lieu vne fepmaie. en autre vng mois. en autre deux. en autre trois
ou plus et proporcionalement eft plus grande la nuit dpuer. car aucuns
des fignes font toufiours fur leur orizon et aucuns toufiours deffoubz. et
tant cõme le foleil eft es fignes deffus il eft iour et tãt cõme il eft es fignes
deffoubz il eft nuit. ¶ Septiefmement ceulx qui habitent droictement
foubz le pole ont la moitie de lan le foleil fur leur orizon et continuel iour

et lautre moitie de lan cõtinuelemẽt nuit. car lequinoctial eſt leur oꝛizon
qui diuiſe ſes ſignes ſiꝫ haulꝫ ꝫ ſiꝫ bas. pour quoy quant le ſoleil eſt es
ſignes qui ſont hault ꝫ deuers eulꝫ ilꝫ ont continuel iour: et quant eſt en
ceulꝫ deuers midi ilꝫ ont cõtinuele nuit. ainſi nont en lan que ung iour
et une nuit. et cõe dit eſt de ceſte moitie de la terre vers le pole artique on
peult entẽdꝛe de lautre moitie ꝫ ſes habitaciõs deuers le pole ãtartique.

¶ Diuiſion de la terre et ſeulement
de la partie qui eſt habitable.

¶ Bergiers ꝫ dautres cõe eulꝫ diuiſẽt la terre habitable en ſept parties
quilꝫ appellent climatꝫ et les nomment. le pꝛemier climat diameroes. le
ſecõd climat diacenes. le tiers climat dalixandꝛie. le quart climat diar
hodes. le quint climat diaromes. le ſiꝫieſme climat diaboriſtenes. le ſep
tieſme climat diaripheos. deſquelꝫ chaſcun a ſa lõgueur determinee ꝫ ſa
largeur auſſi. ꝫ tãt ſont plus pꝛes de lequinoctial ꝫ tãt ſont plus longꝫ
et larges. et pꝛocedent en longueur de oꝛient en occident. et en largeur de
midi a ſeptentrion. Le pꝛemier climat ſelon aucuns bergiers contient de
long la moitie du circuit de la terre: qui eſt cent mil et deux cens lieues.
Ainſi auroit cinquãte mil ꝫ cent lieues de long. Le ſecõd climat eſt plus
court ꝫ moing large. et le tiers plus que le ſecõd. ꝫ ainſi des autres pour
lappetiſſement de la terre venant vers ſeptentrion. ¶ Pour entendꝛe
queſt a dire climat cõme bergiers on doit ſauoir que climat eſt une eſpace
de terre egalement large. de laquelle ſa longueur eſt de oꝛient en occident
et ſa largeur eſt venant du midi et de la terre bien habitable vers lequi
noctial tirant a ſeptẽtrion tant comme ung hoꝛloge ne ſe change point.
Et car en la terre habitable les hoꝛloges ſe changent ſept foꝫ en ſa lar
geur des climatꝫ. eſt neceſſite dire que ſoient ſept. et ou eſt la variacion
des hoꝛloges eſt la diuerſite des climatꝫ. combien que telle variacion pꝛo
pꝛement doit eſtre pꝛinſe ou milieu des climatꝫ. non au commencement
ne a la fin pour la pꝛoximite ꝫ conuenãce lun de lautre. ¶ Jtem en ung
climat touſiours a ung iour artificiel deſte plus lõg ou plus court quen
lautre climat ꝫ ce iour monſtre la difference ou milieu de chaſcun: mieulꝫ
que au commẽcement ou en ſa fin: laquelle choſe on peult cõgnoiſtre ſen
ſiblemẽt a lueil ꝫ par ce iuger de la difference des climatꝫ. Et eſt a noter
que ſoubꝫ lequinoctial les iours ꝫ les nuitꝫ en tout tẽps ſont egalꝫ chaſ
cun de pii heures. mais venãt vers ſeptẽtrion les iours deſte alongiſſẽt
et ceulꝫ dpuer appetiſſent et tant plus approche ſen ſeptẽtrion tant plus
les iours croiſſent tellemẽt que en la fin du derrenier climat les iours en
eſte ſont plus grans trois heures et demie que ne ſont au commencement
du pꝛemier. et le pole plus eſt eſleue de ꝫꝫꝫ viii degres. Au cõmẽcement

du premier climat se plus long iour deste a pii heures et psd minutes: et est se pose esseue sur souizon pii degres et psd minutes. et ou misieu du cli mat se plus song iour a piii heures: et est se pose esseue p si degres: c dure sa sargeur iusques ou se plus song iour deste est piii heures c p d minutes et se pose esseue pp degres c demp. saqsse sargeur est deup cens et pp sieues de terre. Item se second climat comece ou est la sin du premier c se misieu est ou se plus song iour a piii heures c demie c se pose est esseue sur souizon ppiiii degres c p d minutes. c dure sa sargeur iuss̃es ou se plus song iour a piii heures c psd minutes: c se pose est esseue pp sii degres c demp: c contiet de terre ceste sargeur deup cens sieup tout iustemet. Le tiers climat commece ou est sa sin du second c son misieu est ou se plus song iour a piiii heures c se pose est esseue ppp degres c psd minutes c sa sargeur se eptes iusques ou se plus song iour a piiii heures c p d minutes c se pose est esse ue pppiii degres c psl minutes. Le quart climat comece a la sin du tiers c son misieu est ou se plus song iour a piiii heures c demie c se pose est esseue ppp si degres c pp minutes sa sargeur dure iusques ou se plus song iour a piiii heures c psd minutes: c se pose est esseue pppip degres: c contient de terre sa sargeur cent c cinquante sieues. Le quint climat commece en la sin du quart c son misieu est ou se plus song iour a p d heures c se pose est esseue psii degres c pp minutes: c dure sa sargeur iusques ou se plus song iour est p d heures c p d minutes c se pose est esseue psiii degres c demp c sa sargeur contiet de terre cent pp si sieup. Le sipiesme climat comece en la sin du quint c son misieu est ou se plus song iour est p d heures c demie c se pose est esseue sur souizon psd degres c ppiii minutes du quel sa sargeur dure iusques ou se plus song iour a p d heures c psd minutes saqsse sar geur a de terre cent si sieues. Le septiesme climat comece en sa sin du sipi esme c son misieu est ou se plus song iour a p si heures c se pose est esseue pssiii degres c psl minutes sa sargeur se eptens iusques ou se plus song iour a p si heures c p d minutes c se pose est esseue cinquante degres c de mp et contient ceste sargeur de terre quatre pp piii sieues.

¶ Sne merueisseuse consideracion
de grant entedement des bergiers.

¶ Soit pose se cas que seson sa songitude des climatz on peust euitonner sa terre tout entour en asant droit bers ocadet tant que sen sust retourne au sieu dont sen seroit partp aucuns bergiers dient que peu sen sault quon ne face ce tour: diet doncques par cause depemple. que sng homme sist ce tour en pii iours naturelp asant regusieremet bers ocadent c commecast maintenat a misi il passeroit chasain iour naturel sa pii partie du circuit

de la terre et sont ꝓꝓ degres. Donc conuiendroit que le souleil fit vng tour
entour la terre ⁊ ꝓꝓ degres oultre auāt q̄l retournast lendemal au meridie
de cestuy hōme ⁊ ainsi auroit cestuy hōe son iour ⁊ nuit de ꝓꝓ vi heures. ⁊
seroit plus long par la .vii. partie dun iour naturel que sil se reposast: par
quoy sensuit de necessite que en. vii. iours naturelz cestuy homme auroit
tant seulement vi iours et vi nuitz et quelque peu moingz et que se souleil
ne luy sieueroit que vi fops: ny ne reconseroit que vi fops. car vi iours ⁊ vi
nuitz chascun iour ⁊ nuit de ꝓꝓ vi heures sont vii iours naturelz chascun
de ꝓꝓiiii heures. ¶ Item par seblable consideracion conuiendroit que vng
autre hōme qui feroit ce tour assant vers orient eust son iour ⁊ nuit plus
court que nest vng iour naturel de deux heures ⁊ ne seroit son iour ⁊ nuit
que ꝓꝓii heures. Doncques sil faisoit ce tour en mesme tēps. cestassauoir
en vii iours naturelz: ensiuiroit par necessite quil auroit viii iours ⁊ peu
plus. Ainsi se iehan faisoit le tour vers ocadēt ⁊ pierre vers oriēt. ⁊ robert
les actendist ou lieu dont seroiēt partis lun quant lautre ⁊ retourniffent
lun quant lautre aussi. pierre diroit que auroit deux iours ⁊ deux nuitz
plus que iehan. ⁊ robert qui se seroit repose vng iour moingz que pierre. ⁊
vng iour plus que iehan combien quilz eussent fait ce tour en vii iours na
turelz ou en cent ou en dix ans cest tout vng. ⁊ ce est bel a considerer entre
bergiers comme iehan ⁊ pierre arriueroiēt en vng mesme iour pose que fust
dimenche. ⁊ iehan diroit il est samedi. ⁊ pierre diroit il est lundi. ⁊ robert
diroit il est dimenche.

¶ Du pomeau des cieulx estoille nommee lestoille de
noit. pres laquelle est le pole artique dit septentrional.

¶ Apres ce que dessus est dit icy venons a par'er dauaunes estoilles en
particulier. Et premierement de celle que bergiers nommēt le pomeau des
cieulx ou estoille de noit. pour quoy on doit sauoir que sensiblement nous
voions le ciel tourner de orient en ocadēt par le mouemēt iournel. cest du
premier mobile lequel se fait sus deux pointz opposites qui sont les poles
du ciel desquelz lun nous appart ⁊ est le pole artique: ⁊ lautre ne voions
point cest le pole antartiq ou de midi qui tousiours est muce soubz la terre
pres du pole artique qui nous appart est lestoille plus prouchaine que ber
giers appellēt le pomeau des cieulx: laquelle diēt plus haulte ⁊ lointaine
de nous. ⁊ par laquelle ont la congnoissance quilz ont des autres estoil
les ⁊ parties du ciel. ¶ Les estoilles qui sont pres de cest pomeau ne sont
iamais soubz terre. desquelles sont les estoilles qui sont le chariot: ⁊ plu
sieurs autres. mais celles qui en sont loing vont aucuneffops soubz terre.
cōme le souleil la lune ⁊ autres planetes. Soubz ce pomeau droictemēt est
l'angle de la terre. sendroit ou est le souleil a heure de minuit.

¶ De andromede estoille fixe.

¶ Aries est signe chault et sec qui gouuerne de lomme le chief la teste et sa face: et des regios babilonne et perse et arabie. Et segnefie petis arbres et soubz lup ou.p̃ Di degre se lieue vne estoille fixe nommee andromeda que Bergiers figurent vne fille en cheueup sur le riuaige de la mer mise pour estre liuree aup monstres qui en pssent: mais perceus filz de iupiter comba tit de son espee le monstre: et le tua: dont fut deliuree ladicte andromede. Ceulp qui sont nez soubz sa constellacion sont en danger de prison: ou de mourir es prisons. mais se bon planete p regarde rechapent de mort et de prison. Aries est lexaltacion du soleil ou pip degre. et si est aries maison de mars auec scorpius en laquelle mars sesiouist le plus.

¶ De lestoille fixe nõmee perceus seigneur de sespee.

¶ Taurus a ses arbres plantes et antes. et gouuerne de lomme le col et le nouõ du gozier. Et des regions ethyopie / egypte / et le pays dentour. et soubz son ppii degre se lieue vne estoille fixe de la premiere magnitude que Bergiers appellent perceus filz de iupiter qui coupa la teste de medusa Laquelle faisoit mourir tous ceulp qui la regardoient: et par nul engin ne sen pouoient garder: Bergiers dient que quant mars est conioinct auec ceste estoille ceulp qui sont nez soubz sa constellacion ont la teste tranchee se dieu ne leur fait grace. et appellent aucleffops ladicte estoille Seigneur de lespee: et la figurent vng homme nud lespee en vne main et en lautre le chief de medusa et ne se regarde point. Et est taurus exaltacion de la lune ou troiziesme degre.

¶ De orion estoille fixe et ses compaignes.

¶ Gemini segnefie largesse bon coraige sens beaute clergie. et gouuerne de lõme les espaules les bras et les mains. et des regions ingen armenie cartage. et a les moyens arbres. Et soubz son. p viii. degre se lieue vne estoille fixe nõmee orion et ppp Di autres estoilles auec soy. et est en figure dun homme arme vestu dun aubedion et seint vne espee. et segnefie grãs capitaines. Ceulp qui sont nez soubz sa constellacion sont en danger de mort violente et estre tue en trahison se bõne fortune faict en leur natiuite ne les saune. Gemini et virgo sont les maisons de mercurius. mais vir go est celle en quop sesiouist le plus. et si est gemini au iii degre lexaltacion de la teste du dragon.

¶ De lestoille fixe que bergiers appellent alhabor.

¶ Cancer dominie les arbres longs et egaulp: et du corps de lomme la poictrine le cueur lestomach les costes la ratelle et le polmon. et des regiõs armenie la petite / et la region dorient. Et se lieue dessoubz lup ou. viii. degre vne estoille fixe que bergiers appellent alhabor: cest a dire le grant

chien: et dient que ceulx qui sont nez soubz sa constellacion et quelle est en
sascendant ou au milieu du ciel elle segnefie bonne fortune ⁊ se la lune est
auec elle ⁊ la partie de fortune cestuy qui sera ne deuiendra moult riche. et
est cancer maison de la lune ⁊ si est lexaltacion de iupiter au xv degre.

⸿ De lestoille fixe nommee cueur de lyon.

⸿ Leo a les grans arbres cest a dire qui les seignorie. et segnefie homme ter
tigineux plain de courroux ⁊ dangoisse: et du corps de lomme regarde le
cueur proprement le dos ⁊ les costes. et des regions aristi iusques a la fin
de la terre habitable. Et soubz son xviii degre se lieue vne estoille fixe nom
mee cueur de lyon. Et ceulx qui sont nez soubz sa constellacion ainsi que
dient bergiers sont esleues en haulte seignourie. ou en grant office: et puis
ilz sont deprimes ou rabaisses ⁊ en danger de leur vie. mais se bon planete
regarde ladicte estoille ilz seront saulues de peril grant. Leo est la maison
du soleil et en aries est son exaltacion comme dit est.

⸿ De lestoille fixe dicte Nebuleuse Et de lestoille couppe dor.

⸿ Virgo gouuerne tout ce qui est seme sur terre. ⁊ segnefie homme de bon cou
raige philosophie/largesse/ ⁊ toute maniere de sens. ⁊ de lomme regarde
le ventre ⁊ les entrailles: et des regions algeramita assen qui est vne re
gion pres hierusalem/ eufraten/ et lisse despaigne. soubz sa longitude ou
xv degre se lieue vne estoille fixe dicte nebuleuse ou queue de lyon ⁊ en la
latitude septetrionale dudit signe virgo. Soubz ledit signe se lieue vne
autre estoille fixe que nous nommons couppe dor. ⁊ est ou viii degre dudit
signe deuers la partie meridionale: Laquelle estoille est de la nature de
Venus et de mecure. et segnefie ceulx qui sont nez soubz sa constellacion
sauoir choses dignes et sacrees.

⸿ De lespic estoille fixe.

⸿ Soubz le signe libra qui domine les grans arbres ⁊ larges. ⁊ segnefie
iustice. ⁊ de lome domine les rains ⁊ le dessoubz du ventre. ⁊ des regions
le pays de romenie ⁊ de grece. Soubz son xvii degre se lieue vne estoille
fixe que bergiers appellet porc espic. ceulx qui sont nez soubz sa costellacion
ont moult belle figure/ sont honnestes/ ⁊ font choses de quoy les gens se
merueillent ⁊ esiouissent. ⁊ segnefie richesses par marchandises honnestes
et precieuses. ⁊ si sont volentiers aymes des dames ⁊ seigneurs. ⁊ est libra
soubz qui se lieue ceste estoille vne des maisons de Venus ⁊ taurus lautre
celle en laquelle se siouist plus ⁊ si est lexaltacion de saturne car le temps y
commence a deuenir froit cest ou moys de septembre: et saturne est planete
seigneur de froidure qui se veult exaulser quant entre en libra.

⸿ De la couronne septentrionale estoille fixe.

¶ Soubz le scorpion qui seignourie les arbres qui sont de longitude et lar
ges. et segnefie faulcete. et du corps de lôme gouuerne les choses dont on
a honte. et des regions la terre hebergef et le champ darabie. Le second de
gre se lieue vne estoille que bergiers appellent couronne septentrionale: la
quelle quant est en lascendant au milieu du ciel elle bône honneur et egal
tacion a ceulx qui sont nez soubz sa constellacion especialement quât elle
est bien regardee du souleil. Le scorpion est vne des maisons a mars: en la
quelle se sioupst le plus et aries est lautre. et si est le signe ou quel commêce
mars a decheoir de son egaltacion.

¶ Du cueur descorpion estoille fixe.

¶ Soubz le sagitaire qui segnefie hôme plain dégin (z saige.z gouuerne
les auisses de lomme. Et des regions ethyopie/et mahatoben/ et aenich.
Soubz son pmier degre se lieue vne estoille fixe de la pmiere magnitude
que bergiers appellent cueur descorpion. laquelle quant est bien regardee
de iupiter ou de venus elle eslieue ceulx qui sont nez soubz sa côstellacion
en grant honneur et richesse. mais quant elle est mal regardee de saturne
ou de mars elle met ceulx qui sont nez soubz elle a pourete. Le sagitaire est
maison de iupiter en laquelle sesioupst plus et pisces est son autre maison
et si est ledit sagitaire segaltacion de la queue du dragon.

¶ De laigle volant estoille fixe.

¶ Capricorne segnefie hôe de bône vie saige ireux (z de moult de tristesse
et gouuerne les genoux de lôme (z des regiôs ethiope/araboy/vehamen
iusques aux deux mers. et soubz son xxviii degre se lieue vne estoille que
bergiers appellent aigle vola it qui segnefie les roys (z les empereux sou
uerains. ceulx qui sont nez soubz sa côstellacion quât elle est bien regardee
du soleil et de iupiter montent en grant seignourie et sont amps aux roys
et aux princes. capricornus et aquarius sont maison de saturne. mais en
aquarius saturne sesioist plus (z si est ledit capricorne egaltacion de mars.

¶ Du poisson meridional estoille fixe.

¶ Soubz aquarius qui regarde les iâbes de lôme iusques aux cheuilles
des pies. et des regions hazenoth/asépha/ (z la partie de la terre delphige
et vne partie degypte: le xxi degre se lieue vne estoille que bergiers appel
lent poisson meridional. ceulx qui sôt nez soubz sa côstellacion sont eureux
en pescherie dedens la mer de midi. et soubz le ix degre dudit signe se lieue
le delphin qui segnefie seignorie sur les choses marines sur estengz (z riuie
res. et côme dit est aquarius est maison de saturne en laquelle sesiouist.

¶ De pegasus qui segnefie cheual donneur estoille fixe.

¶ Pisces regarde de lôme les pies et segnefie hôe subtil et saige de diuer
ses couleurs. et si a des regiôs tabiasen/iurgen/et toute la ptie habitable
qui est plus septentrionale et a part a romenie. et soubz son xvi degre se

lieue Vne eftoille que bergiers appellent pegafus ceft le cheual d'onneur et
le figurent en forme de beau cheual. Ceulx qui font nez foubz fa conftella
cion font a honneur entre les grãs capitaines. et entre les grãs feigneurs
et quant Venus eft auec luy ilz font aymes des grans dames maifque la
dicte eftoille foit ou milieu du ciel en l'afcendant: et eft pifces Vne des mai
fons de iupiter et fagitarius l'autre en laquelle fe fioift plus. et fi fõt lefdis
poiffons ou xxviii degre l'exaltacion de Venus.

℣ Les ciefx & pareiffement la terre peuent eftre diuifes en quatre parties
par deux cercles qui fe croiferoiẽt droictement fur les deux poles & croifẽt
quatre foys lequinoctial. Chafcune de ces quatre parties diuifee en trois
egalement feroient en tout xii parties egales tant ou ciel cõme en la terre
que bergiers appellent maifons. et font xii maifons. Defquelles fix font
toufiours fur terre et fix deffoubz. et ne mouẽt point ces maifons: ainfois
font toufiours chafcune en fon lieu et les fignes & planetes tous y paffent
Vneffoys toufiours en xxiiii heures. Trois des maifons font de orient a
minuit alant foubz terre. fa premiere fa feconde la tierce. defquelles la pre
miere foubz terre cõmencant a orient eft nõmee maifon de Vie. La feconde
enfuiuant maifon de fubftance et richeffes. La tierce qui finift a minuit eft
maifon de freres. La quarte qui commẽce a minuit Venant en occident eft
nõmee maifon de patrimoine. La cinquiefme enfuiuant eft maifon de filz.
La fixiefme feniffant a occident foubz terre eft dicte maifon de maladie.
La feptiefme cõmẽcant en occidẽt fur terre et tẽdant cõtre midi eft maifon
de mariage. La viii enfuiuant maifon de mort. La ix finiffant a midi eft

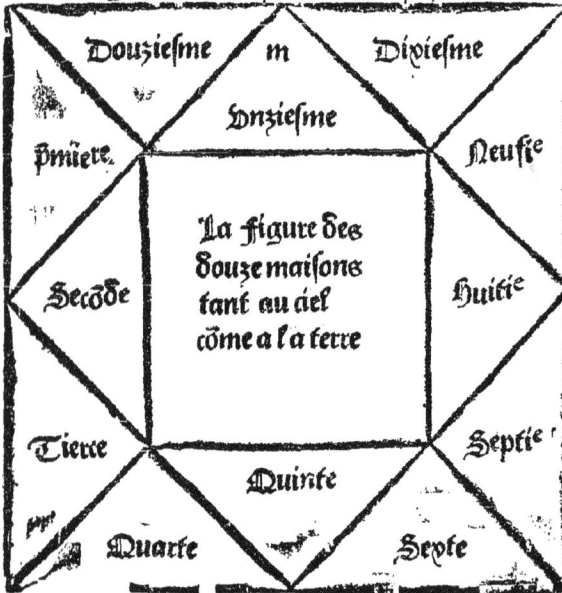

dite maifon de foy de re
ligion & peregrinacion
La x cõmẽcant a midi
uenãt cõtre oriẽt eft mai
fon d'onneur & de reaul
me La xi aps eft maifõ
de Vrais amis. Et la
xii q̃ finit en oriẽt fur la
terre eft dicte maifõ de
charite mais cefte mate
re eft difficile pour bergi
ers cgnoiftre la nature
et propriete de chafcune
de ces xii maifons fi fen
deportẽt legerement et
fuffit ce que dit eft auec
la figure cy prefente.

La figure des
douze maifons
tant au ciel
cõme a la terre

Douziefme · m · Dixiefme
Onziefme
Pmiere · Neufie
Secõde · Huitie
Tierce · Septie
Quinte
Quarte · Sexte

Saturne	Jupiter	mars	Sol
Samedy	Jeudy	Mardy	Dymenche

¶ Qui veult ſauoir comme bergiers ſceuent quel pſanete regne chaſcune
heure du iour et de ſa nuit. Et quel pſanete eſt bon: ou quel eſt mauſuais:
doit ſauoir ſe pſanete du iour qui veult ſenquerir. et ſa premiere heure tem
poreſſe du ſoueil ſeuant ce iour eſt pour ceſſuy pſanete. ſa ſeconde heure eſt
pour ſe pſanete enſuiuāt. et ſa tierce pour ſautre cōme ſont cy figures par
ſeur oꝛdꝛe et conuient aſſez de ſol a venus mercure et ſuna: puis reuenir a
ſaturne iuſques a douze qui eſt pour ſeure deuant ſoſeil couchant. et incon
tinant que ſe ſoſeil eſt couche cōmēce ſa premiere heure de nuit qui eſt pour
ſe ꝑiii pſanete et ſa ſeconde heure de nuit pour ſe ꝑiiii. et ainſi iuſques a ꝑii
heures pour ſa nuit qui eſt ſeure pꝛouchaine deuant ſoſeil ſeuant. et viēt
dꝛoictement cheoir ſur ſe ꝑꝑiiii pſanete qui eſt pꝛouchain deuant ceſſuy du
iour enſuiuāt. Et ainſi ſe iour a ꝑii heures. et ſa nuit ꝑii. Leſquelles ſont
heures ou temporeſſes differentes aux heures des hoꝛſoges ſeſquelles ſont
artificieſſes. ¶ Bergiers dient que ſaturne et mars ſont mauſuais pſane
tes. Jupiter et venus bons. Sol et ſuna moitie bons et moitie mauſuais
La partie deuers ſe bon pſanete eſt bonne. et ſa partie vers ſe mauſuais
mauſuaiſe. Mercure conioinct auec vng bon planete eſt bon et auec vng
mauſuais eſt mauſuais. et entendent ce quant aux influances bōnes ou
mauſuaiſes qui ſont deſdis planetes ſa bas.

Uenus **mercure** **luna**

Uendredy   Mercredy   Lundy

Les heures de planetes dif
ferēt a celles des horloges. car
ses heures des horloges tout
tēps sont egalles chascune de
lp minutes. Mais celles des
planetes quāt les iours et les
nuitz sont egalx que se souseil
est en ung des equinocces elles
sōt egales: mais aussi tost que
les iours croisset ou decroisset
aussi sont ses heures nature
ses: par ce quil conuient tout
temps se iour auoir pii heures
temporelles et sa nuit pii aussi.
Et quāt ses iours sont plus
grans ē ses heures plus gran
des. et quant sont petis et ses
heures plus petites. Pareille
ment de sa nuit. ē nonobstant
une heure de iour auec une de
nuit ensemble ont ui pp minutes autant que deux heures artificielles: car ce que
sune laisse saultre prent. Et prenons nostre iour des planetes du souseil seuant
non point deuant iusques a souseil couche: non point apres. et tout se remenant
est nuit. Exemple de ce qui est dit. En decembre ses iours nont que uiii heures
artificielles des horloges. et ilz en ont pii temporelles. soyent diuisees ses uiii
heures artificielles en pii parties egales: ce seront pii soys pl minutes: et chascūe
partie sera une heure temporelle. laquelle sera de pl minutes non plus. Ainsi en
decembre ses heures temporelles de iour nont que pl minutes. mais celles de la
nuit en ont iiiipp. Car en cellup temps ses nuitz ont p ui heures artificielles les
quelles diuisees en pii parties sont iiii pp minutes pour chascune: qui est une
heure temporelle. Ainsi ses heures de nuit en decembre ont iiii pp minutes. Et
pl minutes dune heure de iour et iiii pp dune heure de nuit font ui pp minutes
que deux heures temporelles ont autant cōme deux artificielles qui sōt chascune
de lp minutes. En iuing est par le cōtraire. en mars et en septēbre toutes heures
sont egalles comme les iours sont egaulx. et es autres moys par egalle porciō.
Auec chascun planete cp dessus sōt figures ses signes qui sont maison dicellup
planete cōme a este deuant dit. Capricornus et aquarius sont maison de saturne.
Sagitarius et pisces de iupiter. Scorpius et aries de mars. Leo du souseil. Tau
rus et sibra de uenus. uirgo et gemini de mercure. Cancer de luna. auec daultres
significacions qui seroient longues a raconter.

Mon filz ie te donne a entedie
Ce que ie say et puis cōprandie
Du ciel et estoilles que y sont
Ou ie pense bien au parfont
Je considere ses signes tous
Partie sur terre autre dessoubz
Et ainsi des sept planetes
Tant belles cleres et nectes
Je pense la lune coucher
Et du soulcil qui veult leuer
Je considere de orient
La partie: midy et occident
Septentrion: et le pomeau
Des cielz moult cler et moult beau
Pour toute creature humaine
Je veil monstrer lope certaine
A toy congnoistre et bien rigler
Comme tu te doiz gouuerner
Et pourras cy veoir comment
Tous bergiers sceuent seurement
Les natures des planetes
Que dieu a ordonnees et faictes
En les suiuāt bēdēs leurs signes

Tu trouueras belles doctrines
Qui te dōront aduisement
De ton fait et gouuernement
Car ie te diz et si t'enseigne
Que chascun porte son enseigne
Lune est triste l'autre ioyeuse
Lune fiere l'autre amoureuse
Lune chaulde l'autre tresfroide
Lune est doulce et l'autre roide
Lune venteuse l'autre fresche
Lune moite l'autre seiche
Lune arrogante l'autre bonne
Ainsi que dieu si leur ordonne
Conclusion plaise non plaise
Lune bonne l'autre mauuaise
Saturne froit qui tient l'empire
Des sept planetes est le pire
Et mars chault qui bien s'aperçoit
Ne fault riēs mieulx chose qui soit
Jupiter bon aussi est venus
Les deux sont les meilleurs tenus
Mercure plope a deux endiois
Bon ou mauuais cōme par drois
Se treuue ioinct a quelcun autre
Qui le fait tel que luy non autre
Souleil et lune ont les renoms
De moitie mauuais moitie bons
Ainsi saurae sans faire doubte
Leur mauuaitie ou bonte toute
Par la figure qui s'ensuyt
Congnoistras de iour et de nupt
En chascune heure quel planete
Regne: si bien sauoir te haite
Et cōme leurs heures sont toutes
Aucun tēps longues: autres courtes
Je te monstreray par figure
De chascun quel est sa nature
Par quoy saurae pour verite
Sa vertu et propriete.

¶ S'ensuit de Saturne.

Saturnus signifi
cat holem inter nigru[m]
et croceum ambulan
do mergentem oculos
in terram qui ponde
rosus est incessu. ad-
iungens pedes et ma-
cer recuruus. habens
paruos oculos. sicca
dicta. barbam raram
labia spissa: callidus
ingeniosus. seductor
interfector homineq3
corpore pilosu iunctis
superciliis.

Saturne planete nomme
Suis sur tous autres renomme
En mon hault ciel plus noblement
De tous: et naturelement
Donnant eaue et grant froidure
Sec et froit suis de ma nature
En secrerue veil venir
Pour mieulx a mes fins paruenir
Et si ne puis enuironner
Les douze signes ne passer
Dnefoys seule tout conclus
Que ny mecte ppp ans ou plus.

     De sa propriete

Saturne par sa faulse enuie
A toutes choses qui ont vie
Est ennemy de sa nature
Qui soubz luy est ne par droicture
Il est plain de mauuais malice
A vil et ort mestier propice
Est propre pour cuprs controper
Et en toutes guises ouurer
De pain et de chair grant mangeur
En sa bouche puant odeur
Pesant pensif malicieux
Triste dolent et couuoiteux

De science mal est apris
De rober ou batre repris
Cheueux a noirs et bien agus
Et si nest point trop fort barbus
Petis peulx cault et seducteur
Uisaige maigre: grant manteur
Pour secret assez conuenable
Et donner conseil prouffitable
Saura parler choses antiques!
Hystoires batailles croniques!
Grosses espaules bas deuant
Mal langaige mal aduenant
Grosses lieffres: noire couleur
Est celle que luy est meilleur
Se fortune ne luy fait guerre
Grant amasseur sera de terre
Et fera grosse nourriture
Basse sera sa regardure
Naymera guere voulentier
Ne ses sermons ne se monstier
Pays chemineta lointains
Bon fera garder de ses mains
Lomme regarde sur deux parties
Sur la ratelle et les oyes.

                              h iiii

❡ Jupiter significat ho
minē albū habentē rubo
rem in facie habentē ocu
los non prorsus nigros
nares nō equales et bre
ues casuū in aliquo den
tiuy habentem nigredi
nem pulchre stature. Bo
ni animi bonis moribus
pulchri corporis. Hominē
qʒ habentem magnos
oculos pupillam fatam
Barbam crispam.

❡ Jupiter seconde planete
De sa nature est clere et necte
Moult chaulde moite vertueuse
Et de deux signes amoureuse
Du poisson et du sagitaire
Nul meschief on ne luy voit faire
Nauaine perte ne dommaige
En secreuice se soulaige
Et se maintient ioyeusement
Si fait bon deuoir seurement
Dedens douze ans denuironner
Les douze signes et passer.
     ❡ De sa propriete.
❡ Qui soubz iupiter sera ne
Begnin et gracieux trouue
Sera riche de grant substance
Saige discret plain de science
Il aymera paix et concorde
Bon iugement misericorde
Ioyeuse vie vray verite
Religion et equite
Toutes choses ingenieuses
Congnoistra pierres precieuses
Habondera fort en nature
Et de tous ars il aura cure

Auoit aucune congnoissance
Douldra de lart de nigromance
De mesurer large et long
Le hault et aussi le parfond
Du visaige blanche couleur
Bien peu couuerte de rougeur
Auans dens noirs et nes camus
Chaulue sera et fort barbus
peulx grans et larges sourcilles
Cheueulx crespes grosses narilles
Choses qui sont delicieuses
Odorantes et sauoureuses
Aymera bien: et beau langaige
Net corps aura et franc couraige
Le drapt aymera vert ou gris
De nulluy ne sera repris
Pour mal: mais a tous plaisant
Dautruy ne sera mesdisant
De nobles faitz entremectable
Chantant riant et veritable
En marchandise droicturier
Or et dargent grant tresorier
Stomach foye oreille senestre
Bras ventre de lhôme gouuerne.

¶ Mars significat hominem rubeum habentem capillos russos et faciem rotundam leuiter homines dehonestantem habentem oculos croceos: horribilis aspectus audacem habentem in pede signum vel maculam hominemque ferocem habentem acutum aspectum superbiam leuitatem mobilitatem et audaciam.

¶ Mars ie suis planete troisime
Qui bien ay tout autre regime
Chault et sec la barbe rousse
Voulentiers tost me courrouce
Lun de mes signes est le mouton
Et laultre si est lescorpion
Quant en eulx ie me peu retraire
Guerres et batailles faiz faire
En secreuice veil monter
Pour les signes enuironner
Tous les douze par ma vigour
Passe en deux ans cest mon droit cour
      ¶ De sa propriete.
¶ Quiconque sera ne soubz mars
A plusieurs maulx faire est espars
Il est rouge malicieux
Les yeulx petis et noirs cheueulx
Du tout adonne faire guerre
Du vng grant chemineur par terre
faiseur despees et de couteaulx
Bateur de fer ou de metaulx
felon despite plain diniures
Respandeur de sang par batures
Desmesure fort en luxure

Grosses bestes nourrit a cure
Rousse barbe et rond le visaige
Hydeur regart et dur couraige
Barbier tailleur bon pour saner
Plaies: et sauoit dens arracher
Soubz mars sont nez qui sarreans
font: et qui espient les chemins
Et ceulx qui font mouoir sans failles
Noises debatz guerres batailles
Diligent est: bien peu sommeille
En toutes choses ou il traueille
Dauec tout homme se discorde
Car en luy na misericorde
Sa force a plusieurs maulx lencline
Et en ses piez a quelque signe
Jureur de dieu et de ses sains
fort dangereuses sont ses mains
Des biens dautruy veult estre riche
Et de ce quil a est fier et chiche
Sur les couleurs ayme le rouge
Du celle que plus pres latouche
Du corps de somme vous affiez
Quil garde ses rains et le fiel.

Sol significat hoïez eum qui habet colorem inter croceum (z nigrum) idest fuscum tectum cum rubore breuis stature cri spum casuum pulchri corporis capillos parum rubeos. oculos aliquan tufum croceos (z mixta habet naturam cum psane ta qui cum eo fuerit si modo digniore habeat soam eius insequitur naturam.

Je suis pfanete non pareil.
Des autres nomme se soseil
Et si suis iustement moyens
De mes freres tresanciens
Chault et sec suis de ma nature
Du spon ie apme sa figure
Et en sa maison me retraire
Saturne soit si mest contraire
Par sa froideur: et sans cesser
Ma grant chaleur quiert abaisser
Les signes passe sans schours
En trois cens soipante cinq iours.

De sa propriete.

Qui soubz se souseil sera ne
Beau de face sera trouue
Blanche aura couseur et tendre
Et si vouldra en soy contendre
Monstrer estre de belse vie
Secret vsant opptrisie
Sil se donne par bonne guise
Bon pourra estre home degsise
Saige net et de bonne foy
Gouuerneur dautre que de soy
Aymera se deduyt de la chasse

Chiens opseaulx pour sa largesse
Auoir vouldra honneur science
Chantera de voix a pfaisance
Hault couraige bien diligent
Pour seignourer sur autre gent
Juge sera entre ses saiges
Esoquet pfain de doulx sangaiges
Bailsif preuost ou chastellain
Point ne sera son aieur villain
Car son vouloir sera grament
Auoir dautruy gouuernement
Soubtil sera en fait de guerre
A luy viendront bon conseil querre
Par femmes aura benefice
Du en court de seigneur office
En court de seigneur aura chance
Pour son conseil et sa prudence
Son seing portera au visaige
Et sera petit de corsaige
Crespe cheueulx sa teste chauue
Et les yeulx tyrans sur se iaune
Des membres regarde se aieur
Qui du corps tient droit se mislieu

Henus significat ho
minē albū trabētem
ad nigredinem puldhi
corporis et capilloiū fa-
ciem rotūdam paruam
habentē marillam pul
cros oculos et eorum ni
gredo plusquam opor-
tet signatqz hominem
pulchiam faciem hab-
tem et multos capillos
at albū confectum ru
bore crassum ostēdētem
beniuolentiam.

Henus planete suis nomine
Des amoureux soit bien ayme
Moite et froit ie suis par nature
Deux signes sont toute ma cure
En eulx ie suis a ma plaisance
Cest le thoreau et la balance
Mener ie faiz ioyeuse vie
Aux amoureux: car seignourie
Ay sur eulx: que mars me osteroit
Voulentiers se pouoir auoit
En douze moys sans riens laisser
Par douze signes veil passer.

De sa propriete.

Qui sera ne dessoubz venus
Amoureux gay sera tenus
Plaisant et beau a laduenant
peulx noirs/peu brun/bouche riant
De trompetes clerons haultboys
Querra iouer: car vne voix
Aura bonne pour bien chanter
Pour ce vouldra danser saulter
Jouer aux eschatz et aux tables
Et estre longuement a tables
Parler manger boire bon vin

Tant que soit pure soit et matin
Aymera dames et tous beaux
Vestemens et riches ioyaux
Pointures pierres precieuses
fleurs et odeurs delicieuses
Veritable et de bonne foy
Autruy aymera comme soy
Large pour festier amys
Peu gens seront ses ennemys
Dispose sera per facon
Pour chanter bien toute chancon
Tant est propre et bien duisant
Car tout ce quil fait est plaisant
Brun de face: mais bien forme
De corps est: et de membres orne
Visaige rond: courtes maxilles
Barbe noyre et ses sourcilles
Grosse perruque tresfort noire
Quant il iure on se doit croire
Les rains aussi tout ce qui est entre
Les cuisses: auec le petit ventre
Cest vng quartier secret tenus
Sont soubz la garde de venus.

Mercurius signi
ficat hoiem non mul
tū albū neqȝ nigrum
habentem colorem
frōtem eleuatum et
longam in facie lon
gitudinē et nasum
longum. barbam in
maxillis. Et oculos
pulchros. non ex to
to nigros. longuos
quoqȝ digitos. signi
ficatqȝ perfectum ma
gisterium.

Mercure planete notable
Suis pour fort Venter agreable
Sec et plain suis de grant chaleur
En deux signes est ma haulteur
Lun est appelle gemini
Laultre Vierge de grant foci
Mon deduit par condicion
Prens en la Vierge et ou poisson
Point ne quiers auoir de repos
De bien labourer iay propos
Jay ses signes passez tousiours
En trois cens et xxx viii iours.

De sa propriete.

Qui soubȝ mercure sera ne
De soubtil engin est trouue
Deuot de bonne conscience
Et plain sera de grant science
Amps acquerra par labeurs
Hantera gens de bonnes meurs
De marchandise et descripture
Aura soucy souuent et cure
De femmes sera fort harie
Ne luy chauldra estre marie
Vouldra Volentiers aimer dames

Maisque de luy ne soient dames
Bon religieux sans faintise
Sera: sil est homme deglise
Aussi marchant par mer par terre
Naymera point aler en guerre
Dargent et grosse cheuance
Amassera par sa prudence
Du pourra estre bon ouurier
Dauam mecanique mestier
Grant prescheur rhetoricien
Philozophe geometrien
Bien aprnera des escriptures
Nombres et metrificatures
Lart de musique et mesurer
Draps toilles saura composer
Procureur daucun grant seigneur
Du de leurs deniers recepueur
Hault front aura et longue face
Noirs peulx barbe non point espesse
En iustice grant plaidoieur
Des autruy ditz contrediseur
Les cuisses et hennes regarde
Cest la partie du corps quil garde

Luna significat
hominem album confe
cum trubore iuctis su
peratiis beniuolum ha
bentem oculos non ex
toto nigros. faciem
rotundam pulchram
staturam: et in facie
eius signum In iudo
quando crescit signi
ficat omne quod faci
endil est et in plenitu
dine quod destruendum
quia decrescit.

Luna suis planete derreniere
Donnant sobrement ma lumiere
Froide et moite de ma nature
Suis la plus belle pour conclure
En lecreuice est ma maison
De moy sont deux roues enuiron
Quant ie regarde bien mes meurs
faire ne puis mauuais labeurs
Car en lescorpion descent
Qui en moy grant doulceur comprent
Les douze signes sans seiours
Enuironne en xxviii iours
          De sa propriete.
Qui soubz luna peult estre ne
Bon pour seruir sera trouue
Il aura sa figure belle
Ronde: ia nen trouueres telle
fort sera doulx et pacient
Et si viura honnestement
Blanc bien fourme de corps assez
Les deux sourcilles amassez
Vestu sera honnestement
Et si viura moult chastement
Le plus sera presque tousiours
Vestu de diuerses coulours

Le front luy suera voulentier
Sa couleur blanche peu rougie
Sur les eaues mer et riuiere
Soy bien gouuerner la maniere
Sera aussi de prendre poissons
Engins faire et la fassons
En ses ditz sera veritable
Et aura beau maintien a table
fort et legier pour cheminer
Et sauoir viandes aprester
Bon poursuiuant bon messagier
Or et argent vouldra forgier
Compaignie querra pour mangier
Pour diuiser et pour couchier
Hayne garder par faintise
Pourra soubz couleur de seruise
Par parler contentera gent
Autant comme autre par argent
femmes honnestes aymera
Autres non: et si nourrira
Les siens enfans de bon couraige
Sera plain et de beau corsaige
Le polmon et le cerueau fort
De bien garder est son effort.

¶ Une queſtion et reſponſe que bergiers
font touchant la matiere des eſtoiſſes.

¶ Lun bergier a lautre dit. Je demãde quãtes
eſtoiſſes ſont ſoubz vne des pñ parties du zodia
que: ceſt ſoubz vng ſigne ſeulement? Reſpond
ſautre bergier. ¶ Soit trouuee vne piece de terre
en plat pays cõme eſt ſa Beaulce ou champaigne
et que ceſſe piece de terre apé xxx ſieues de ſong
et pñ de ſarge. Apres quon ape des clos ſa teſte
groſſe comme de clos a ferrer roues de charrctes
tant que ſouffiſent. Et ſoient iceulx clos fiches
iuſques a ſa teſte en ceſſe piece de terre a quatre
doys ſun pres de ſautre: ſi que toute ſa piece ſoit
plaine. Je dis que autãt cõme ſont de clos fiches
en ceſſe piece de terre autãt ſont deſtoiſſes ſoubz
ſe contenu dun ſigne ſeulement: et autant ſoubz
chaſcun des autres. et a ſequipoſſent par ſes au
tres endrois du firmamẽt. Demãde ſe premier bergier: et cõe ſe prouueroie
tu? Reſpond ſe ſecond que nuſ neſt obſige ne tenu a prouuer choſes impoſſi
bſes et que doit ſouffire a bergiers touchant ceſte matiere croire ſimplement
ſans ſoy enquerir trop ce que ſes predeceſſeurs bergiers en ont dit.

¶ Cy deſſoubz eſt note ſan que ce preſent
cõpoſt et kaſendrier a eſte fait et corrige.

¶ Lan miſ quatre cens quatre vingz et xvii. eſt ſan que ce preſent kaſen
drier a eſte fait en impreſſion et corrige. du quel an ſe premier iour de iãuier
ſe ſouſeiſ eſtoit ou ſigne de capricornus xxi degres et vne minute. La ſune
en architenens xxvi degres et xxi minutes. Saturne en aries v degres
xxi minutes. Jupiter en architenens quatre degres ſxiiii minutes. Mars
en ſcorpion xiiii degres xſii minutes. Venus en aquarius iii degres xxxix
minutes. Mercurius en capricorne vii degres x viii minutes. La teſte du
dragon ou ſpon xiii degres iii minutes.

¶ Cy eſt ſa fin de ſaſtroſogie des bergiers ſa congnoiſſance
quiſz ont des eſtoiſſes planetes et mouemens des deulx.
¶ Et apres enſuyt ſeur phiſonompe.

¶ Pour venir au propos et parler des signes visibles cômencerons
a ceulp du chief. Mais auant nous aduertissons que songneusement
on se garde de toutes personnes qui ont de faulte de membre naturel
en eulp comme de pie de main doel ou daultre membre quel quil soit de
boiteup: et especialement de homme esbarbe cest qui na point de barbe:
car telp sont enclins a plusieurs vices et mauuaistiez et sen doit on gar
der côme de son ennemy mortel. ¶ Apres ce bergiers dient que les che
ueup plains et souefz segnefiêt personne piteuse et debonnaire. Ceulp
qui ont cheueup roup sont voulentiers ireup et ont faulte de sens et si
sont de petite loyaulte. Personne qui a les cheueup noirs bon visaige
et bonne couleur segnefient droicte amour de iustice. Les fois cheueup
segnefient que la personne ayme paip et concorde et si est de bon engin
et subtil. Personne qui a les cheueup noirs et la barbe rousse segnefie
estre luxurieup mesdisant desloyal et venteur.¶ Les cheueup crespes et
blons segnefient homme ryant ioyeup luxurieup et decepuant.¶ Les
cheueup noirs et crespes segnefient homme melencolieup luxurieup
mal pensant et fort large. Les cheueup pendans segnefient sens auec
malice. Grât plante de cheueup en femme segnefie robuste et auarice.
Personne qui a les yeulp fort grans est bien paresceup pop honteup
inobedient: et cuide plus sauoir quil ne scet. Mais quant les yeup
sont moyens ne trop grans ne trop petis et qui ne sont fois noirs ne
fort vers telle personne est de grant engin courtoyse et loyalle. Person
ne qui a les peup estailles gastez et estandus segnefie malice vengence
ou trahyson.¶ Les yeulp qui sont grans et ont grans paupieres et lon
gues segnefient folpe dur engin et mauluaise nature. Loeul qui se
meust tost et sa veue est ague telle personne est plaine de fraude de lar
cin et si est de petite loyaulte. Les yeulp qui sont noirs et goutellectes
par my clers et luysans sont les meilleurs et les plus certains et segne
fient sens et discrecion et telle personne est a aymer car elle est plaine de
loyaulte et de bonnes condicions. Les yeulp qui sont ardans et estin
cellans segnefient gros cueur force et puissance. Les yeulp blanchars
ou charnus segnefient personne encline a vices a luxure et plaine de
fraude. Bergiers dient que quant vne personne les regarde souuent
côme esbahy et ainsi côme honteup et paoureup et en regardât semble
quil souspire et si a goutellectes appardes en ses yeulp fois sôt certains
que telle persône les ayme et desire le bien de celluy quil regarde et hon
neur aussi. mais quât aucû regarde en gectât ses yeup par a couste aisi
que par mignotise celle personne est deceuant et pourchasse a vergôder

l iii

et sont telz gens pour deshonourer femmes. si sen doiuent garder. car tel regart est faulx luxurieux et deceuant. Ceulx qui ont yeulx petis rousseles et agus segnefient personne melencolieuse/hardye/mesdisant/et cruelle. Et se vne petite vaine deliee appart entre seul et le nez de femme dient quelle segnefie virginite. et en homme soubtilite dentendement. et si elle est grosse e noire segnefie corrupcion chaleur e melencolie en feme. et en home rudesse et deffaulte de sens. mais icelle vaine napart pas tousiours. Les peulx qui sont iaunes e nont nulles paupieres segnefiet meselerie e mau uaise disposicion de corps. Item gras paupieres e longues segnefiet rudesse dur engin et luxure. Les souraiz qui sont grans e ioingnet ensemble par dessus le nez segnefiet malice cruaulte luxure e enuie. Et quant les sour ai^z sont desliez e longz segnefiet subtilite dengin sens e loyaulte. Les peulx enfonces e grans souraiz par dessus segnefient personne mesdisant mal pesant qui boit trop e voletiers applique son engin a malice. ¶ Sensuit de la face. Le visaige qui est petit e court e qui a gresse col et le nez gresse long e deslie segnefie personne de grant cueur hatiue e ireuse. Item le nez long e hault par nature segnefie prouesse et hardement. Le nez camus segnefie hatiuete luxure hardemet e estre entrepreneur. Le nez beque qui descend iusques a sa leure de dessus segnefie malice deceuance deslopaulte et luxure. Le nez gros e hault ou milieu segnefie homme saige e emparle Le nez qui a grans narines et ouuertes segnefie gloutonnie et ire. Item Visaige qui est court et roux segnefie personne plaine de riote et de debat et peu loyale. Visaige ne trop long ne trop court e qui na mie grant gresse et a bonne couleur segnefie personne veritable ampable saige et de bon engin seruiable debonnaire e bien ordonnee en toutes ses choses. Visaige gras e plain de chair rude segnefie gloutonnie poy songneux negligent rudesse de sens e dengin. Visaige gresle e longuet segnefie personne aui see par mesure en toutes ses euures. Visaige qui est petit et court et qui a iaune couleur segnefie personne decepuante poy loyale malicieuse plaine de vergongne. Visaige long e beau segnefie personne cuisant peu loyale despiteuse e plaine de ire e de cruaulte. Et ceulx qui ont la bouche gran de e fendue sont signes de ire e hardement. Petite bouche segnefie melan colie/pesante/dur engin/ e mal pensant. Cellup qui a grosses leures cest signe de grant rudesse e deffaulte de sens. Les leures tenures segnefient lescheties et mensonges. ¶ Apres dient bergiers des dens et du parler. Les dens serrees e menues segnefient personne qui ayme loyaulment lu xurieuse e de bonne complexion. Les dens longues e grant segnefient hastiuete et ire. Personne qui a grandes oreilles segnefie folye mais il est de bonne memoire. Les petites oreilles segnefient luxure et larrecin.

Personne qui a bonne Boix et bien sonnant est hardie saige et bien parlant
La Boix mopenne qui nest ne trop desiee ne trop grosse segnefie sens et pour
ueance Berite et droicture. Personne qui parle hastiuemēt et qui a gresse
Boix est personne de Balue. Grosse Boix en femme est mauluais signe.
Doulce Boix segnefie personne plaine denuie de suspection de mensonge.
Boix trop desiee segnefie gros cueur et folpe. Grosse Boix segnefie hasti
uete et ire. Personne qui se remue quant elle parle et mue Boix est enuieuse
nice purongne et mauluaisemēt condicionnee. Personne qui parle actrem
pemēt sans sop mouuoir est de parfait entēdemēt et de bonne condicion
et de sopal conseil. Personne qui a le Bisaige roux les peulx chassieux et
les dens iaunes est personne peu sopal traistre et a puante alaine. Person
ne qui a long col et gresle est cruesse sans pitie hastiue et escruessee. Person
ne qui a court col est plain de fraude de barat et de decepuance de malice et
ne se doit on fier a telle personne. Personne qui a long col et gros segne fie
gloutonnie force et grant luxure. Fēme qui est hommassee et est de grans
mēbres et rudes est par nature melancolieuse Bariante et luxurieuse. Per
sonne qui a gros Bētre et long segnefie pop de sēs orgueil et luxure. Per
sonne qui a petit Bētre et larges pies segnefie bon entēdemēt bon conseil et
sopal. Persōne qui a les pies larges et haultes espausses et courbes segnefie
proesse hardemēt hastiuete sopaulte et sēs. Les espausses agues et lōgues
segnefient tricherie dessopaulte barat et personne desnaturee. Quant se
Bras est si long quil se peust estendre iusques a sa ioincture du genoul il se
gnefie proesse largesse sopaulte honneur bon sens et entēdemēt. Quant
le Bras est court cest signe dignorance de mauluaise nature et personne qui
apme debat. Longues mains et longz dops et gresses segnefiēt soubtilite
et personne qui a desir de sauoir plusieurs choses. Petites mains et cours
dops et gros segnefient folpe et legierete de couraige. Grosses mains et
larges et gros dops segnefient force hastiuete hardemēt et sens. Ongles
clers et lupsans et de bonne couleur segnefient sens et accroissemēt donneur
Les ongles haultz et longz segnefiēt persōne dauoir assez paine et trauail
Les ongles cours et regrongnes segnefiēt persōne auaricieuse luxurieuse
orgueilleuse et de cueur gros plaine de sēs et de malice. Le pie gros et plain
de chair segnefie persōne oultrageuse Bigoreuse et de petit sens. Petit pie
et legier segnefie durte dentēdement et pop de sopaulte. Les pies platz et
cours segnefiēt personne angoisseuse peu saige et mal courtoise. Personne
qui Ba a grant pas est grosse de cueur et despiteuse. Personne qui Ba a
grant pas et lentemēt segnefie bien prosperer en toutes choses. Personne
qui Ba a petis pas et tost est suspectionneuse plaine denuie et mauluaise
Boulente. Personne qui a petit pie et plat et les gecte comme Bng enfant

segnefie hardement et fens. mais cefte perfonne a moult de diuerfes
penfees. Perfonne qui a molle chair ne trop froide ne trop chaulde
fegnefie perfonne bien difpofee de bon entendement et de foubtil engin
plain de loyaulte et accroiffement de biens et honneur. Perfonne qui
rit volentiers et a fes yeulx vers eft debonnaire eft de bon engin loyal
faige et luxurieux. Perfone qui rit enuis eft pareffeufe mefencolieufe
fufpectionneufe malicieufe et foubtile. ¶Bergiers dient car pour ce
quil y a de diuers fignes en homme et en femme et qui font aucunef
foys contraire lung a laultre lon doit iuger plus communemet felon
fes fignes du vifaige. Et premieremet des yeulx car ce font les plus
vrays et les plus prouuables. ¶Et dient auffi que dieu ne fourma
oncques creature pour habiter en ce monde plus faige que lomme car
il neft condicion ne maniere en nulle befte qui ne foit trouuee en home
¶Naturellement lomme eft hardy come le lyon. Et pieux come le
boeuf. Large comme le cog. Auaricieux comme le chien. Dur et afpre
comme le cerf. Debonnaire comme la tourterelle. Malicieux come le
fiepart. Priue comme le coulon. Douloureux et bareteux comme le
renart. Simple et debonnaire comme laignel. Leger et ignel comme
le cheual. Lent et piteux come lours. Chier et pretieux comme lolifant
vil parefceux comme lafne. Rebelle inobedient comme le roffigneul.
humble comme le pigeon. fel et fot come lotruffe. Prouffitable come
le formis. Diffolu et vague coe la chieure. Defpiteux et orgueilleux
come le faifant. Soef et doulx comme le poiffon. Luxurieux comme
le pourceau. fort et puiffant comme le chamel. Auife comme la fouris
Raifonndole come les anges. Et pour ce eft il appelle le petit monde
car il participe de tout ou eft appelle toute creature. car comme dit eft
il participe et a condicion de toutes creatures.

¶Qui du tout fon cueur met en dieu   Il a fon cueur et fi a dieu
Et qui le met en aultre lieu Il pert fon cueur et fi pert dieu.
¶humble maintien ioieux ⁊ affeure Lagaige meur amoreux veritable
habit moyen honefte affaifone froit en fon fait conftat ⁊ raifonnable
hanter les bos faiges vaillas et pieux Refection fobre a heure breue
table font lomme faige et a tous gracieux.
¶Plante parler peu dire voir. Plante cuider et peu fauoir.
Plante defpendre et peu auoir. Sont trois fignes de rien vafoir.
¶Six chofes font quau monde nont meftier. Preftre hardy: ne couart
cheualier. Myre piteux: ne rongneux boulengier. Juge conuoiteux:
ne puant barbier.

¶ Par la figure cy apres on peult cognoistre les heures
par nuit en la maniere qui sensuit. Soit cognue lestoille
que nous appellons le pomeau des cielz. et droit soubz
elle est le soleil a heure de minuit. et sendroit de lestoille
sur la terre nous appellôs angle de la terre lequel quâ
voulons veoir a seul regardons nostre pomeau côm
ie faiz soubz vne corde: lors le bout bas de ma corde est
langle de la terre et le soleil est droit dessoubz. Les gran
des lignes qui trauersent lestoille de la figure qui est le
pomeau des cielz seruent pour deux heures. et les peti
tes pour vne heure chascune. quât on veult sauoir des
heures. Mais encores seruent les dictes lignes a aultre
chose: cest au changemêt de lestoille qui signe la minuit
et consequemment les autres heures. Car les grandes
lignes seruêt a vng moys et les petites a quinze iours
.Soit tendue la corde quon la voye droit sur le pomeau
et quil soit heure de minuit: et pres dicelluy pomeau no
tee aucune estoille soubz la corde que on puisse bien tou
iours congnoistre car sera celle que tout temps nous en
seignera les heures par nuit. Apres pmagine vng cer
cle entour le pomeau a la distance de lestoille notee. ou
quel cercle soyent pmaginees les signes ou semblables
distances comme sont en la figure: Autant de distances
comme lestoille notee sera deuant la corde ouant serôt
de heures deuant minuit. et autant comme sera apres
la corde autant de heures apres minuit. ¶ Si conuiêt
sauoir que lestoille notee changera son lieu en vo iours
de la distance dune heure et en vng moys de la distâce
de deulx heures. pour quoy conuient prandre minuit en
vo iours plus auant de la distance dune heure. et en vng moys de deux heures
en deux moys de quatre. en trois moys de six. tellemêt que en six moys lestoille
notee qui estoit droit soubz le pomeau est droit dessus. Et en autres six moys
reuient ou point ou fut premierement notee. Si ne doit on point changer ceste
estoille notee pour aucune autre. mais la doit on choisir entre plusieurs pour la
plus congnoissable et facile a trouuer.

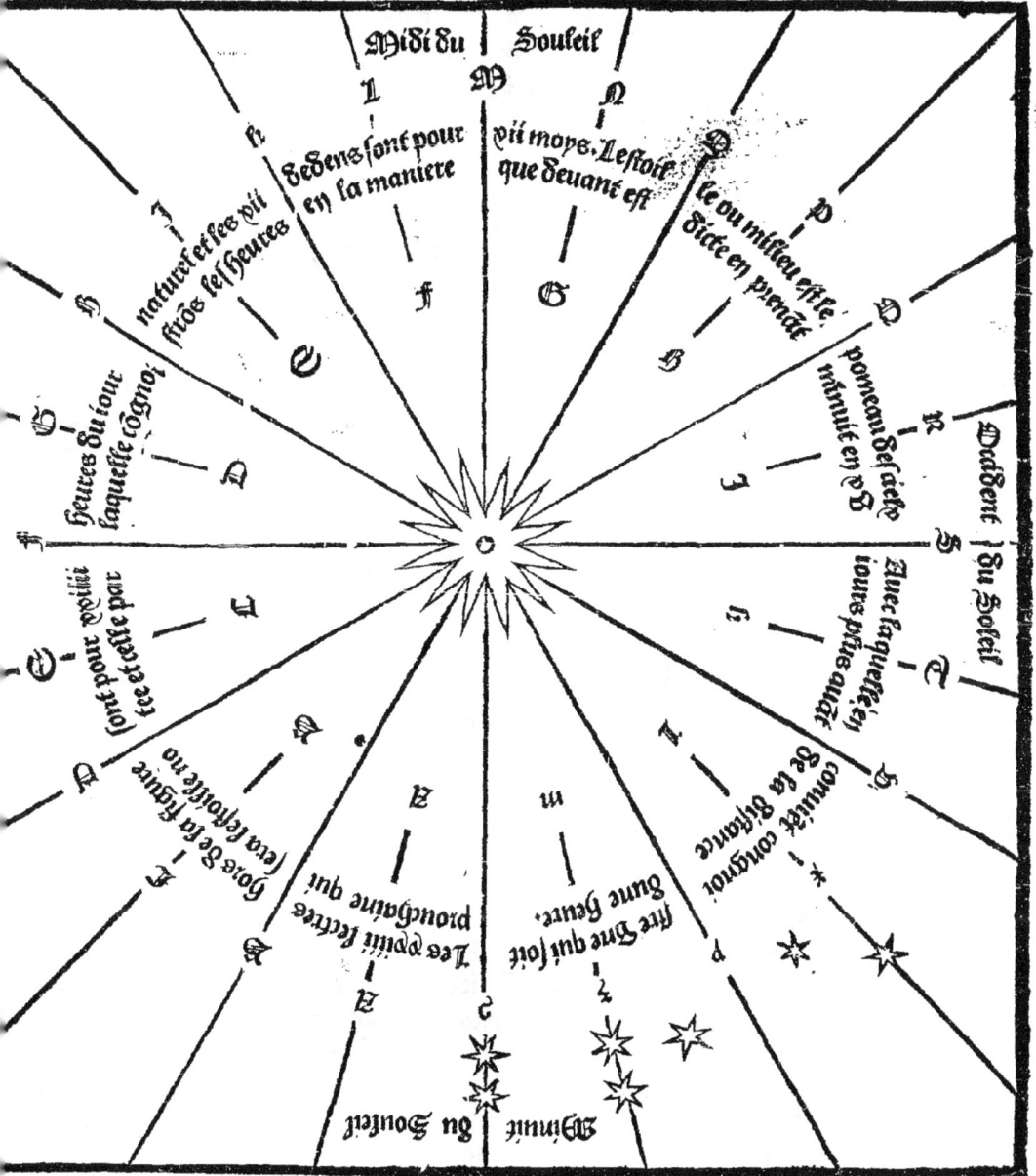

Midi du Souleil

Diabent du Soleil

Minuit du Souleil

dedens sont pour en la maniere

naturel et les ꝑii froꝭ les heures

vii moye. Lestoille que deuant est

le ou milieu est le dicte en prenāt

pomeau Befaicte minuit en ꝓꝑ

Auec laquelle iours plꝰ auāt

comme congnoi de la Bstane

heures du iour laquelle cōgnoi

sont pour vviiii fee et ceste par

Boye de la figure fera resnoistre no

Les ꝑvuii lettres pouldraine qui

sire une qui soit lune heure.

¶ Pour congnoiftre par nupt fendroit de midy cõme cellup de minuit. le hault orient et le hault occident. le bas orient. et le bas occident auffi. et fendroit ou ciel que chafcun figne lieue: bergiers vfent de cefte practique.

¶ Soit tẽdue vne corde q̃ tiẽne ferme par hault et par bas. puis vne autre a plomb qui obeiffe iufques foit temps de larefter. et quelles foyent vng peu diftantes lune de lautre. et tellement dreffees que on voye leftoille du pomeau droit foubz les deux cordes enfemble. puis foit arreftee fa corde a plõb par hault ꝫ par bas qui vouldra Maintenant qui veult veoir midi droictement foit nuit foit iour. fe mecte de lautre partie des cordes et verra fendroit du midi. fe remecte cõme premier verra fendroit de minuit: combien quil foit iour ¶ Pour le hault point du zodiaque ou plus long iour defte Soit veu le foufeil foubz les deux cordes a heure de midi et on foit cy pres que on touche fes cordes: et note en la corde vers le foufeil la hauffur ou on la veu puis par nuit foient notees aucunes eftoilles quon puiffe tous iours congnoiftre vn e ou plufieurs en cellup en droit: ceft le paffaige du folfticial defte. et quant fes iours font au plus court les eftoilles que on voit a minuit en cellup point de midi font droic tement celles qui font prouchaines du folfticial defte lequel a fe figne prouchain deuers orient. et

Cancer fe figne prouchain vers occident Gemini. Et comme eft dit du hault folfticial defte on pourra practiquer le bas folfticial dyuer. lequel on voit fur le midi quãt fes iours fõt cours fur fendroit de minuit et fon prochain figne deuers orient eft Capricornus. et cellup vers occident Sagitarius. ¶ Pareillement on pourra noter le hault orient ou le bas: mais cõuiẽdroit que fut quãt fes iours fõt plus longz et plus petis. et fa diftãce entre les deux oriẽtz diuifez en fix parties egales. Par chafame lieuent deux fignes. Par la prouchaine partie du hault orient lieuent Gemini et Cancer. Par la feconde Taurus et Leo. Par la tierce Aries et Virgo. Par la quarte Pifces et Libra. Par la quinte Aquarius et Scorpio Par la fixte plus pres doccidẽt Capricornus ꝫ Sagitarius. Et plufeurs autres chofes on peult practiquer ou ciel cõme le bergier a tout fes deux cordes.

Bergiers qui couchêt par nuit aux châps Voiêt plusieurs impressions
en lair et sur terre que ceulx qui couchent en litz ne Voyent mpe. Aucune
soys en lair ont Veu Vne maniere de comete en facon de dragon iectans
feu par la gorge. Lautre soys ont Veu du feu saillant en forme de cheures
qui saustêt sans durer longuemêt. Et autresoys Vne impression blanche
Laquelle appert tout temps par nuit et a toutes heures quilz appellent
Le chemin sainct iaques en galice.

Le dragon Volant   Lheures de feu saillantes   Le chemin saint iaques

Autres impressions sont côme feu flambant qui monte. Lautre côme
feu flambant qui Va decoste. Lautre comme feu arreste: et ceste dure lon
guement. Dautres sont qui font grans flambes et ne durent pas longue
ment. Autres sont comme chandelles aucunessoys grosses aucunessoys
petites et cestes cy Voyent en lair et sur la terre. Vne autre comete Voyent
cheoir du ciel en forme dune lance ardant.

Lance de feu ardant   Chandelles ardantes   Chandelle ardant

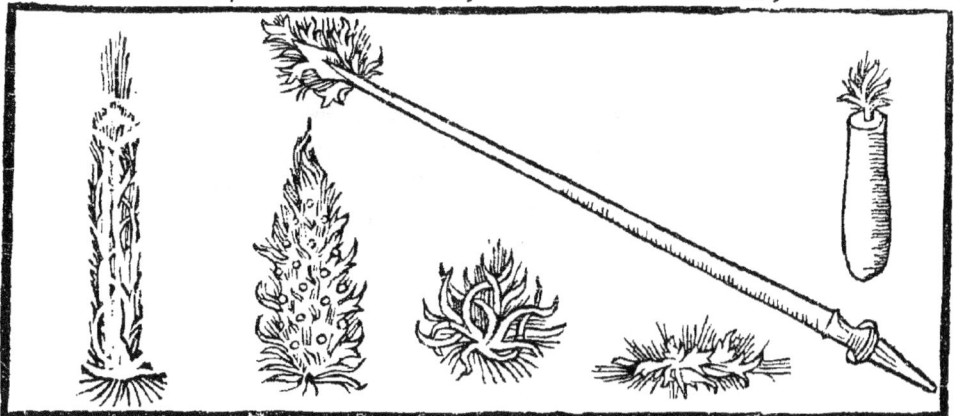

feu montant   Estincelles ardantes   Buchetes brulans   feu qui est fol

¶ Encore Voiẽt bergiers des cometes eŋ autres manieres cestassauoir eŋ façoŋ dune colonne ardant côme Vng pilier et dure longuemẽt. Vne autre eŋ forme dune estoille Volant et tantost est passee. mais sa troizieme est comete couee celle qui plus dure de toutes. Jteŋ Voiẽt ânq estoilles erratiques qui ne Vont point comme les autres: et sont celles quilz appellent planetes mais ont forme destoilles. et sont Saturne Jupiter Mars Venus et Mercure. Et si Voient des estoilles quilz appellent sune estoille barbue. sautre estoille cheuesue. et sautre estoille a coue.

Colonne ardant   Estoille Volant   Comete couee   Estoilles erratiques

Les trois estoilles derriere sont, estoille barbue. estoille cheuesue. et estoille couee.

¶ Quattuor his casibus sine dubio cadet aduster
Aut hic pauper erit. aut subito morietur.
Aut cadet in causam qua debet iudice Vind
Aut aliquod membrum casu: Vel crimine perdet.

¶ Côbien que les impressions cy dessus semblẽt choses merueilseuses a gens qui ne les ont Veues pour quoy aucuns cuident que soient eŋ partie impossibles. Saichẽt iceulx et autres que say quoŋ disoit mil quatre cens iiii xx et xii se septiesme iour de nouẽbre Chose psus merueilseuse aduint en sa contee de ferrate: de la duche Dautriche: pres Vne Ville nômee Eusisheim ou faisoit cessuy iour tonnaitre horrible et en psains champs pres ladicte Ville cheut par my se tônaitre Vne pierre de souffre Laquelle pesoit deux cens cinquante siures et psus. Laquelle pierre de present est gardee en ladicte Ville. on sa Voit qui Veult. et de saquelle sensuit sepytaphe escript dessus esse.   m i

¶ perlegat antiquis miracula facta sub annis
Qui volet: et nostros comparet inde dies
Vis a licet fuerint portenta: horrendaqz monstra
Lucere e celo: flamma/corona/trabes
Astra diurna/faces/tremor et tellutis hyatus
Et bolides/typhon sanguineusqz polus
Circulus/et lumen nocturno tempore visum
Ardentes clipei/et nubigeneqz sere
Montibus et visi quondam concurrere montes
Armorum et crepitus/et tuba terribilis
Lac pluere e celo visum est/frugesqz calibsqz
ferrum etiam/et lateres/et caro/lana/cruor/
Et sexenta aliis/ostenta ascripta libellis
Prodigiis ausim vix similare nouis
Visio dira quidem friderici tempore primi
Et tremor in terris/lunaqz solqz triplex
Hinc auce signatus friderico rege secundo
Excidit inscriptus gramate ab umbre lapis
Austria quem genuit senior fridericus: in agros
Tercius hunc proprios: et cadere arua videt
Nempe quadringetos post mille peregerat annos
Sol nouiesqz decem signifer atqz duos
Septem preterea dat pondus metuenda nouembris
Ad medium cursum tenderat illa dies
Cum tonat horrendum crepuitqz per aera fulmen
Multissonum: hic ingens concidit atqz lapis
Cui species deste est aciesqz triangula: obustus
Est color et ferre forma metalligere
Missus ab obliquo fertur visusqz sub auris
Saturni qualem mittere spdus habet
Deserat huc Enszheim sunt gaudia sesit in agros
Illic insiluit depopulatus humum
Qui licet in partes fuerit distractus vbiqz
Pondus adhuc tamen hoc continet ecce vides
Quin mirum est potuisse hyemis cecidisse diebus
Aut fieri in tanto frigore congeries.
Et nisi anaxagore referant monimenta: molarem
Casurum lapidem: credere et ista negem
Hic tamen auditus fragor Indiqz littore Rheni
Audiit hunc vri proximus alpicola.

Il est vray quen douze saisons
Se change douze foys ly homs
Ainsi que ses douze moys
Se changent en lan douze foys
Et chascun par court de nature
Tous ensuyt la creature
Si change de six ans en six ans
Par douze foys ces douze temps
Se sont soixante douze en nombre
Adonc va gesir en lombre
De vieillesse ou il fault venir
Ou il se fault ieune mourir.

⸿ Januier

Premier doiz prandre et commencer
Six ans pour le moys de ianuier
Qui na ne force ne vertu
Quant lenfant a six ans vescu
Tel est il sans nul bien sauoir
Ne force ne vertus auoir

⸿ Feurier

Les autres six ans se font croistre
Adonc saprent vng peu a congnoistre
Et estre doulx et ampaible
Plaisant gracieux seruiable
Ainsi fait feurier tous ses ans
Quen sa fin se prent le printemps

⸿ Mars

Mais quant des ans a dixhuit
Adonc se change a tel deduit
Quil auide valoir mille mars
Ainsi comme le moys de mars
En beaulte change et prent valour

⸿ Auril

Lors vient auril a si beau iour
Que toute chose sesiouist
Lerbe croist et larbre fleurist
Les oyseaux reprennent leur chant
Et ainsi a vingt et quatre ans
Deuient somme fort vertueux
Joly gentil et amoureux
Et se change en maint estat gay

⸿ May.

A trente ans va regnant en may
Le plus puissant des douze moys
Sur tous les autres nomme roy
Ainsi deuient il homme fors
A trente ans est ferme de corps
Pour bien tenir lespee au poing
Puis va venir au moys de iuing

⸿ Juing

Trente six ans ne plus ne moing
Cest vng mois de grant chaleur plai
Et aussi est qua trente six ans
Deuient ly homs chault et boullant
Et commence fort a meurer
A cueillir sens et soy aduiser

m ii

¶ Iuillet

Et quant vient regner en iuillet
On ne sappelle plus varlet
Quil a des ans quarante deux
Se mops a passe toutes fleurs
Et se commence a decliner
Et aussi se commence a passer
La beaulte dune creature

¶ Aoust

Apres vient aoust qui tout meure
Qun homs a quarante huit ans
Di a mal employe son temps
Se a quarante huit ans daaige
Ne se change a maniere saige
Car adonc se doit auiser
Combien a de biens amasser
Pour auoir repos en vieillesse
Car en ce temps pst de ieunesse
Et se change en couleur mavie
Ainsi comme ble fait et ly arbre

Se changent en ce mops daoust
En grant follye vse son goust
Qui de bon sens ne se remembre

¶ Septembre

Et quant viet regner en septembre
Il a des ans cinquante quatre
vng seul on nen pourroit rabatre
Septembre ie vous segnefie
Est vne saison riche et iolye
Car elle fait les blez soyer
Et commence on a vendenger
Qui les biens a si les engrange
Se comme na riens en sa grange
Quant il a cinquante quatre ans
Iamais il np viendra a temps

¶ Octobre

Sa soixante ans est riche homs
Aussi est riche fort la saisons
Du mops qui vient apres septembre
On sappelle le mops doctembre
Il a soixante ans et non plus
Lon deuient vieulx et tout chenus
Sil est riche cest a bonne heure
Sil est poure se plaint et pleure
Le temps quil a mal despence
Lors sesbahyt par pourete
Damne le corps et gaste lame
Et auec ce chascun le blasme
Pour les oultraiges quil a fait

¶ Nouembre

Di vient nouembre qui le trait
Iusques aux ans soixante six
Que lors on voit tous deuestir
Les arbres: si que tour en tour
Np demeure fueille ne flour
Toute verdure meurt et cesse
Toute beaulte pert sa noblesse

¶ Le chardonneret

Ma robe est de pluseurs couleurs
Mais le bonnet est descarlete
Je suis de ma femme ialeux
Et nul tāt le vault seulete

¶ Le chardonniel en caige

En Dieu dois auoir ta fiance
Et mectre en lup ton esperance
Car quant les hōmes te fauldront
Les dons de Dieu te aideront
A bien auoir ta gouuernance

¶ Le passe.

Je suis priue de ma nature
Car ie me tiens entour les gens
De poure maison ie nap cure
Car on ne prise rien poures gens

¶ Le heron fauue.

Je me tiens en lieux aquatiques
Cest le plus beau de mon deduit
Je y treuue tousiours practiques
Et si nen maine point grāt bruit

¶ La petite orfraye

Je prens au poil et a la plume

Il ne men chault maisque ien aye
Prendre et rauir cest ma coustume
Mais fol est qui prent sil ne paye

¶ Le merillon

Tant que mon auoir peust durer
Je ne Deulx mes subiectz greuer
Viure du sien cest grant noblesse
Quautrement fait les autres blesse
Et leur fait sans cause endurer

¶ La cheuesche

Tout au long du iour me repose
En vng trou la suis a deliure
Des oyseaulx mais quāt est nuit close
Je men Dose querir pour Viure

¶ La perdrix

Je me metz souuent en danger
Pour garantir ma compaignie
Jen ay laisse a boire et a menger
Qui bien Dit dieu ne loblye mie

¶ La trope.

Je chante et maine bonne feste
Quant ie sens le Doulx tēps Venir
De faire mon nid ie mapreste
Je ne men pourrope plus tenir

¶ Lassee.

Quāt autres oyseaulx Dont coucher
Adonc il me conuient Vestir
Pour aller ma Die pourchasser
Comme fait la chauue souriz

¶ La beccasse.

Je ne repose iour ne nuit
En nul tēps ie ne suis oyseuse
Si est saige cestuy qui fuit
Paresse: car est perilleuse

¶ Le ralle noir. /

Je me tiens dessus la riuiere
Cest le plus de mon passetemps
Dy Viure ie treuue maniere
Qui bien Dit doit mourir cōtens

❡Le pellican.
Je suis dune telle nature
Que ie veil mourir pour les miens
La vie leur rens par ma morsure
Aussi fist ihesucrist aux siens.
❡Le hua
En mõ tẽps iay pris mais poussins
Du ie nauoye nulle droicture
Ceulx qui viuent de larcins
Mectent leur ame a lauenture.
❡Le lanier.
Je suis semblant aux aduocas
Rien ne faiz sil ny a a boite
Pour neant me compte len son cas
Car telz ont beau crier et braire
❡La chouete
Je suis tenue tant larronnesse
Car chascun fuit ma compaignie
Ainsi est lame pecherresse
Par peche de dieu forbanye.
❡Lesperuier.
Par dessus tous oyseaulx de proye

Je suis du plus gentil lignaige
Pour neant plus me priseroye
Qui moing se prise plus est saige
❡Le piuart
Je suis bon astrologien
Car quant le tẽps se veult changer
Incontinent ie le sens bien
Le corps me prent a fremier
❡Le papegault
Je suis vert en toutes saisons
Je ne change point ma liuree
Je ne vestz drap fait de toison
Ce monde na point grant duree
❡Le piuart noir
Par mon bec iay des arbres mains
Fait mourir: que cest dommaige
Aussi ont fait pluseurs humains
Autres gens: par faulx langaige
❡Le marle
En tout temps suis vestu de noir
Sur moy na aucune diuise
Qui vouldra robe blanche auoir
Serue dieu et ayme leglise.
❡Le mauis
Je suis dune grant diligence
Pour pourchasser ma poure vie
Je ne demande or ne cheuance
Tel est huy qui demain desuie
❡Le cocu
Las ie suis de mauuaise sorte
Car quant de manger iay enuie
Je mangue cellup qui maporte
Et ma nourry toute ma vie
❡Le cocu priue
Si tu entreprens rien a tort
Plus tost que peulx faiz ton accort
En paix viure cest vne ioye
En ioie tousiours viure vouldroie
Qui quiert noise il quiert sa mort

❡ Le chapon.

A plusieurs gens vaulsist trop mieux
Que fussent chatres comme moy
Meilleurs seroient moingz vicieux
Et plus en grace du hault roy

❡ La grant orfraye

Je semble les enfens de tours
Je mangue chair et poisson
Mais il me fault faire mains tours
Auant quaye ma prouision.

❡ Le gay du boys

On ne oyt que moy au vert bocaige
Braire crier mon bec ne arreste
Cellui qui trop a de langaige
En lieu de bien ne deust point estre

❡ Le gay en caige

Dieu vous gart beaulx petis enfens
Ne scet quil voit qui voit enfens
Nully nest qui soit seur vne heure
Car en peu de temps dieu labeure

❡ La calende

Cousine suis du roussignol
Qui est tenu tant gracieux.
Cousins asses: amys bien pol
Cousins ne sont bons que pour eulx

❡ Le perdrieux

Les vngz mappellent le perdrieux
Les autres loyseau saint martin
En nul temps ne suys oyseux
Ma iournee cõmence au matin

❡ Le tiercelet

Je prens souuent ou ie nay rien
Ce nest pas vescu loyaulment
Laissez a chascun ce qui est sien
Cest de dieu le cõmandement

❡ La mezange

Lescripture dit quon ne doit
Pas despriser petites gens
Et que tel est petit qui voit
En science comme les grans

❡ Le coulon

Ayez le poure en souuenance
Et luy secours de ta substance
Le riche doit estre aulmosnier
Riche qui donne voulentier
Acquiert honneur los et cheuance

❡ Le pigeon

Pour tant se ie nay point de fiel
Je ne laisse point estre preux
Tel se monstre plus doulx que miel
Qui felon est et dangereux

❡ Le coulon ramier

Je suis vng grant sergent a masse
Car iaiourne tous mes voisins
Quant ie voy que lyuer ne passe
Quilz paissẽt choux par les iardins

❡ La colombe

Deuant tous les oyseaulx fuz ie
Moult simple et de belle maniere
Quant durant le temps du deluge
Je fuz leur bonne messagiere.

¶ Le petit Boulteur

Ha ie sens de plus sept lieux
Sil y a sur les champs des mois
Affin que mes religieux
Et moy allons querir ses corps

¶ Le grant Boulteur

Combien que iay grant seignoue
Ne me chault qui braie ou qui crie
Ne se aukruy a quelque deffault
Premicrement penser me fault
Que ma pance soit bien nourrie

¶ La corneisse faune

Je hante fort pres des musniers
Jamende deulx assez souuent
Sil y a des blez es garniere
Ilz en auront soit pluye soit vent

¶ Le freu.

Soubtil ie suis en tous mes faiz
De mal faire souuent mauise
Se iamendoye tous mes malfaiz
Je nauroye robe ne chemise.

¶ Le roteslet du boys

Seigneurs conseil veulx demāder
Pour mon royaulme gouuerner,

Affin quamour puisse conquerre
Et aussi maintenir ma terre
Quen paix puisse tousiours regner

¶ Le rateslet des maisons.

En la guerre ie suis hardis
Et courtois en faitz et en dis
Du myen donne liberalmeut
Et suis iuste en iugement
Par ce iaquiers honneur et pris

¶ Le heron blanc.

Il nest homme tant soit soubtil
Qui puisse rien prēdre en mon aire
A ceulx qui estoient en exil
Dieu leur fut doulx et debonnaire

¶ Le troustet.

Diligence est si grande vertu
Quon dit que passe sapience
Maintes personnes sont vestus
Par soubtil engin et science

¶ La bergeronnete.

Lapostre dit que nous fupons
Les euures qui sont tenebreuses
Et que nous armons et vestons
Des armes de dieu vertueuses.

¶ La frezape.

En tenebres faiz ma iournee
Je ne veulx charte ne lumiere
Cessuy ou cesse est destournee
De dieu: qui vit en tel maniere.

¶ Le moyngneau.

Nul ne doit son corps solacer
Nacoser femme ne baiser
Se nest sienne. et se elle desplait
Garder la fault plait ou non plait
Tousiours nest pas tēps de baiser.

¶ Le martinet.

Je visite fort sur les eaux
Je y treuue pour viure pasture
Ceulx y ont prouffis bons et beaux
Qui cōme moy y mettent leur cure

Il conuient penser dauãt que cõmêcer matines a la saincte parole que iesus disoit
au iardin le soir dauant sa benoiste passion : Pere sil est possible trãsporte de moy ce
calice. Touteffoys non pas ma Voulenté mais la tienne soit faicte. Et que en ce
disant il enduroit si grande paine que suoit cõme goutes de sang en telle abondãce
que couroient iusques a terre.

Et en disant matines conuient penser comme iudas sapproucha de Jesus: et en le
baisant dit: Je te salue maistre. Et que le douly iesus ne retira pas sa digne face
dicelluy traitre. Et comme il se permist prendre et lier comme vng larron et mectre
a terre par plusieursfoys et descracher et de ses disciples estre delaisse.

Aux laudes conuient penser et considerer iesus estre en lostel danne et puis de cay
phe durement bastu blapheme et descraichie en son precieux visaige les yeulx bãdes
et cõme on le pile et foule des pies inhumainement.

A prime penser conuient cõme iesus fut mene de lostel de cayphe a pylate en le ba
tant. Et cõme pylate lexamina sur ce de quoy on laccusoit a tort. Et comme il fut
cruelement batu a lataiche dauãt grande multitude de peuple et couronne despines.

A tierce conuient penser comme le douly iesus fut presente dauãt le peuple auec sa
couronne despines sur son precieux chef vestu dũg manteau de pourpre. Et comme
les iuifz crioyent: Crucifige crucifige eũ. Et cõme pylate le cõdemna à mort amere
et villaine et comme il portoit sa croix a moult grande paine.

En apres a midi fault penser cõme iesus est mene ou mont de caluaire repandant
son precieux sang. et que plusieursfoys cheoit de porter sa croix. Et cõe il fut atache
a icelle a clouz et en icelle esleue a grant douleur. Et noubliez a penser par tout qlle
douleur auoit sa sacree mere.

A none conuient penser en quelle douleur il estoit quant il disoit Mon dieu mon
dieu pour quoy mas tu delaisse. Et quant il eust soif luy offrirêt a boire vin aigre
et fiel meslez et cõme il tendoit a sa mort et ses souspirs faictz êclina son chef et rêdit
sa saincte ame a dieu. Et cõme sadicte mere eust aussi grande douleur.

A vespres penser conuient cõme iesus eust le couste ouuert dune lance et cõme il est
en sa croix tout mort plain de playes depuis le chef iusques a la plante des pies et
luy ouste de la croix cõme sa mere le receut a grand douleur.

A complie pensez comme le douly iesus fut enseueli de ioseph et autres bons iuifz
en grande affliction et gemissement et mis en sepulcre et garde des mauluais iuifz
affin que ne resuscitast.

Et est assauoir que ces dictz pelemês sont bõs et prouffitables a ceulx ou celles
qui nentendent latin. Car ceulx qui entendent latin doiuent penser a ce quilz disent
cest a dire a ce que segnefient les paroles dictes par eulx. Mais en lieu de ce dauant
quilz cõmencent les heures est cõuenable de pêser aux choses dessusdictes.

n ii

¶ Homme mortel cree de terre et fait Du createur fourme a sa semblance
Las recongnois se bien que dieu ta fait: puis que tu es hõme priue denfance.
Remembre toy et apes souuenance. Cueur dur remply de trop grant vanite
Du hault degre et de sa dignite: Ou dieu ta mis indigne creature.
Tant riche et noble esseu en prelature. Dont tu rendras cõpte quoy quil tarde
Mais scez tu quãt: demain p aueture. Ou auiourduy: pourtãt dõne tê garde.

¶ Puis que vneffoys tu as este deffait: Et mis au bas par desobeissance.
Et que dieu ta par sa grace refait. Et ta remis en estat dinnocence
Ne renche pas par orgueil ne arrogance. Mais mõstre toy miroer dhumilite.
Car tu scez bien que ta fragilite. Nest que viande a vers et nourriture
Et beuiedias en sa fin pourriture. Quoy qua present sentes: te contregarde.
Mais scez tu q̃t: demain p aueture. Ou auiourduy: pour tãt dõne ten garde.

¶ Cuide tu estre autre hõe ou plꝰ pfait: que tes maieurs de deuãt ta naissãce
Qui tant furẽt glorieux en leur fait. Que dieu et mõde en a sa congnoissance.
Helas nenny: car pour quelque puissance. Que tu aiez ou gloire en prosperite.
Cõe eulx mourras poure ou riche heure. Miserable hõme et de fraisle nature.
Et seras mis vng iour en sepulture. Ne tu nas force ne pouoir qui ten garde
Mais scez tu q̃t: demain p aueture. Ou auiourduy: pour tãt dõne tê garde.

¶ Hõme arme toy contre seure future. forte et dure: car mort de sa poincture.
Te picquera de sa cruelle garde. Mais scez tu quant: demain par auenture.
Ou auiourduy: pour tant donne ten garde.

¶ Puis quaisi est q̃ voꝰ fault toꝰ finir. Et apes fin cõpte a dieu du tout rẽdre
Las: desoimais veillez voꝰ maintenir. Si saictemẽt sãs tache ⁊ sãs mesprẽdre
Qua leure horrible ou mort voꝰ vouldra prẽdre. Vre poure ame a prit vicieuse
Soit des vertus tant riche et precieuse. Que voler puisse en sa clere cite.
Ou est plaisir, ioye, et felicite. Salut, vertus, aussi paix pardurable.
Vie sans mort, beaulte, sante, ieunesse. Los, picu, pouoir, et force insuperable.
Qui tousiours dure: et qui iamais ne cesse.

¶ Las voꝰ voiez toꝰ les iours mort venir. Qui est sa fin q̃ voꝰ deuez attẽdre
Et ne sauez que peuent deuenir Les espetitz: quant les corps sont en cendre.
Les bõs võt sus: les mauuais fault descẽdre. en vne chartre oscure ⁊ tenebreuse
Ou est vermine immortelle angoisseuse. Misere, ennuis, faulte, et necessite.
fain, soif, pleur, cry, et toute aduersite. Horreur, paour, fraieur inenarrable.
Mort sans mourir, desespoir et tristesse. feu sans lumiere, et froit intolerable
Qui tousiours dure: et qui iamais ne cesse.

Helas pour tant
Vueillez bien retenir
Tous ces pointz cy
et a bien faire entendre
Si que apres mort
Vous puissies paruenir
Du hault royaulme
ou vous deuez tous tendre
Qui tant riche est que
cueur ne peult comprendre
On y vit en paix
quest chose glorieuse
Et oyt on son de voix
si melodieuse
La ont les corps
impassibilite
Agilite
clarte subtilite
Et les ames
sapience admirable
Puissance honneur
seurete et liesse
Concorde amour
en gloire inseparable
Qui tousiours dure
et qui iamais ne cesse

O mauuais riche enfle diniquite. Rude aux poures: fas que ta prouffite
Ton riche habit: ta plantureuse table. Puis que tu es poure pour ta richesse
Et as soif ores: et fain insaciable. Qui tousiours dure: et qui iamais ne cesse

⁋ Sensuiuét aucunes oraisons et autres prieres en forme de Balades Laiz et rondeaux. Et premieremét est cy mise Vne decision theologale sur Vne question a sauoir mon se les prieres/oraisons/messes/et suffrages que sen fait en ce monde pour les ames des trespasses: estans en purgatoire leur sont meritoires et Vallables a leur deliurance.

Peuple deuot tu dois noter que pour acquerir aucun bien. Lequel compaigne sestat daucun ou est accessoire a icelluy estat seuure dau cun peust prouffiter non pas seulement: De congruo. mais auec ce: De condigno. Et ce peust estre en deux manieres. Premierement pour sa cómunication laquelle est la racine de seuure meritoire. cest de charite qui est racine de tout euure meritoire. Et ainsi toute personne a prouffit et emolument du bien dautruy sil est en charite: Juxta illud particeps ego sum.&c. ⁋ Secondement pour sintencion du faisant quant aucun fait aucunes euures affin quelles prouffitent a aultruy. et telles operacions appartiennent a ceulx pour qui elles sont faictes ainsi comme donnees de celluy qui les fait. Et peuent Valoir ou pour satiffaire et acomplir la satiffacion daulcun ou a quelque autre chose qui ne myre point son estat. Et en ces deux manieres Valét les suffrages de seglise non pas seulemét aux Vifz. mais auec ce aux trespassez non pas affin que les dis suffraiges puissent muer leur estat: mais a ce quilz soient deliures des paines. Car cõe dit saint augustin en Vng liure nõme eucheridion tát quilz ont Vescu en ce monde ilz ont desserui que les dis suffraiges leur peussent prouffiter. Dũ in hac Vita Viuerent meruerunt Vt hec sibi prodessent. Et lapostre dit en sa. ii. epistre aux corynthiens ou. V.chapitre. Vnusquisqz propriam mercedem accipiet prout gessit in corpore: quant a estre damne ou saulue. Car chascun aura paradis ou enfer pour son propre euure et non pas par seuure dautruy. Ainsi se entend ce qui est escript ecclesiastes. iy. mortui non habent partem iŋ opere quod sub sole geritur. quod intellige Verum qñtũ ad mutationem status. Du nous parsons de opere operato. Cest a dire du suffraige en soy. Et ainsi le sacrement de sautel (z autres sacrifices ont efficace et Vertu deulx mesmes sans ce que loperacion de celluy qui les fait accroisse ou diminue leur effect mais sont faitz equalemét par Vng chascũ bon et mauuais. Mais se nous parsons de opere operantis. Il cõuient distinguer. car aucun sacrifice peust estre fait par Vng mauuais homme: cõme sa messe dicte par Vng pecheur. Et ce peust estre en deux manieres. Premierement. Vt per actorem. cest a dire que se sacrifice soit fait par se pecheur cõme acteur dicelluy sacrifice. et ce ne prouffite sinon accidentalement et consequémeut cestassauoir que par les aulmosnes dun mauuais hõme

ſes poures a qui ſadicte aulmoſne eſt dõnee ſont eꝛaictez a pꝛier dieu pour
ſes ames des treſpaſſes pour leſquelz le mauuaiſles a donnes. Secũdo
ſt per miniſtrum. et ce peult eſtre en deuꝛ manieres car ou le ſacrifice ou
office eſt fait par le miniſtre publicque de leglife comme eſt le pꝛeſtre qui ce
lebꝛe le ꝟeque des moꝛs. et telꝫ ſacrifices pꝛouffitent touſiours. car la ma
lice du miniſtre ne nuit pas a leuure dũ bon acteur comme eſt leglife.
¶ Ou leſdis ſacrifices ſont faiz par ꝟng miniſtre dauale pꝛiuee perſõne
Et adonc ſilz ſont faitz par le commandemẽt daucun eſtant en charite
comme ſe tu faiz dire ꝟne meſſe a ꝟng pꝛeſtre qui ſoit en eſtat de pech; et
tu ſoies en grace et charite. ce que tu faiz dire pꝛouffite pour toꝑ ou pour
cellup pour qui tu le faiz dire ſif eſt treſpaſſe. Mais ſe au cõmandement
de cellup qui neſt pas en charite quãt il a mande aucune bõne euure eſtre
faicte telle bonne euure ne pꝛouffite pas auꝛ treſpaſſez. ſi non que apꝛes
il reuint en bon eſtat quant telle euure le feroit. Et ſuffit quil ſoit en cha
rite quant il commande quoꝛ face leſdictes bonnes euures iaſſoit ce quil
nꝑ ſoit pas quant on les eꝛecute. Et pourtant eſt ce grant bien quant
cellup qui donne laumoſne ou qui fait dire la meſſe et cellup a qui elle eſt
donnee ou la meſſe cõmiſe ſont en charite comme ou cas de pꝛeſent. Car
ſe tu donnes ou nom de ton pere qui eſt en purgatoire et en grace a ceſte
eglife pour eſtre participant en ſes ſuffraiges ſes euures ſont meritoires
des deuꝛ parties ce ſaſſauoir eꝛ opere operato et eꝛ opere operantis. Hec
Ricardus in quarto diſtinctione. pl ꝟ. articulo quarto queſtione ſecũda.
¶ Note que cellup qui recoit pluſeurs pmo tout le monde a la participa
cion de ſes biens na pas moins de pꝛouffit de ſes bonnes euures que ſil
receuoit tout pour ſuꝑ mais ſuꝑ appoꝛte plus de pꝛouffit quãt en a laug
mentacion de loꝑer au gloire. et quant a ſatiffacion de ſes pechez et dimi
nuciõ de la paine pour iceulꝛ deue auꝛ quelles choſes ꝟault ladicte
aſſociacion ainſi que Ricardus de media ꝟilla ou lieu pꝛeallegue.

Onſeigneur ſaint gregoire en la ſeconde queſtion de la ꝟiii cauſe
ou chapitre gregorius. dit que les ames de purgatoire ſont bien
toſt deſiurees par quatre manieres. et ſont les quatre clefz que chaſcune
deuote perſonne doit pendꝛe a ſa ceinture pour ouurir purgatoire quant
il ꝟient a leglife. ¶ La pꝛemiere clef eſt loblacion des pꝛeſtres. Et ce ap
pert par figure par auctoꝛite et par eꝛemple. de ce auons figure. Secũdi
machabeoꝛum. ꝟii. que Judas machabeus enuoꝛa. ꝟii. M. dragmes
dargent en oblacion et offrande pour les pechez des iuifz qui eſtoient treſ
paſſes en la bataille. par quoꝛ nous eſt donne a entendꝛe que loblacion
du pꝛecieuꝛ coꝛps de Jheſus faicte a dieu ſon pere eſt bien de plus grant

vertu pour diminuer les paines des trespasses que ledit argent. Et est
encores escript ou lieu dessusdit que se Judas machabeus neust eu esperāce
que ceulp qui estoient occis en la bataille ne feussent vneffops resuscitez ce
luy seroit chose vaine et superfflue prier pour les trespasses. et sensuit. Cest
dõcques chose saincte z salutaire prier pour les trespassez affin quilz soient
deliures de leurs peches. Ceste raison est aussi prouuee par lauctorite des
docteurs de la saincte escripture cõme de sainct augustin et sainct gregoire
ou lieu prealegue. Il est aussi prouue par exemple dun euesque qui estoit
malade de chaulde maladie: tellement quon ne luy pouoit rafreschir ses
piez. Les pescheurs en este pescherēt vng grãt glacon lequel ilz apozterent
a leuesque qui luy fut mis aup piez a certaine heure. et lozs leuesque oupt
vne voip qui se plaignoit: laquelle il adiura. Laquelle respondit. Je suis
lame dun prestre qui faiz icp mon purgatoire. et se tu en estat de grace dp
sopes cent messes pour ma redempciõ ie serope sauluee. Ce qui fut fait.
Dz regarde tu nen a pas cp cent mais nulle. purgatoire a la fop nest pas
partie denfer mais par dispensaciõ peult estre en chascun lieu. La secõ
de desef est ozaison et ses puieres des sains par laqlle sõt deliurees les ames
des paines de purgatoire. Et ce appert par auctozite en lapocalipse ou
septiesme chapitre ou il p a Ascendit fumus aromatum ideʃ ozationum
odoz de ozationibus sanctozũ de manu angeli cozam deo. Il appert aussi
par lauctozite dessusdicte. Sãcta et salubzis. zc. Il appert aussi par epēple
du benoist saint martin qui comme dit saint gregoiz vng prestre fut qui
prioit deuotement monsieur saint martin le iour de sa feste pour ses ames
de purgatoire. Ilz en vindzent fop par le coznet de lautel qui se mezaierent
de ce quelles estoient hozs des paines par la puiere dudit saint martin. Re
garde donc que feront ces sains icp a la puiere de la glozieuse mere de dieu.
Tu dizas par auenture ie ne me apercop point de leurs puieres. Je te de
mande quant tu dis a peu que ie ne me suis rompu le col au cheoir de mon
cheual ou dun arbze ou que mon enfant nest moit. qui ta garde: czop que
ce sont les puieres des sains. Et ces deup premieres manieres sont plus
efficaces en tant quilz sont rapoztees en dieu La tierce desef est les aumõ
nes des parens et amps par les quelles les paines de purgatoire sont di
minuees. Ecclesiastici. vii. pauperi pozrige manum tuam et moztuo non
prohibeas gratiam. et ecclesiastici. ppii. super moztuum ploza defecit enim
lep eius Ruth primo faciat deus vobiscum misericozdiam sicut feceritis
cum moztuis. pienez a ce propos lepemple que recite sainct Gregoire du
cheualier du rop Charles le grant: qui par son testament laissa a son com
paignon ses armes et son cheual affin quil en dõnast largent aup poures

dedens .xxx. iours. ou autremēt ilse ātoit au iugemēt de dieu. Au bout
de .xxx. autres iours ilse railloit de sadicte citacion et differa a faire ce q̄
luy estoit enioinct. Ilse apparut a son cōpaignon en se reprenāt. ⁊ tātost
vindrēt deux noirs de mouēne qui se prindrēt et rauirent ⁊ le porterent
par les mōtaignes ⁊ valees tant quil fut tout derompu. faiz dōcques
aulmosne incontinent sans tarder pour tes amys.

A ulmosne doit auoir quatre condidons. car premieremēt elle doit
estre faicte ioyeusement comme dit saint pol Secūde ad cor. ix.
Hilarem datorem diligit deus. Jtem elle doit estre faicte habondāmēt.
Thobie. iiii. quomodo poteris esto misericors. Selon ta faculte et puissance cestassauoir de peu le peu. Tiercement hastiuement et diligēment
Prouerbiorum. iiii. Ne dicas amico tuo vade et reuertere cras aū statim
possis dare. Quartement deuotement. Danielis. iiii. Elemosinis pec-
cata tua redime. cestassauoir de cueur contrict et deuot. faiz aumosne sa
queste selon thobie desiure du donger de la mort eternelle. Ne faiz pas
que les ames de tes amis trespasses crīet aps toy ce q̄ est escript Job. xix.
Miseremini mei. ⁊c. Et mesmemēt Dereliquerunt me propinqui mei ⁊
qui me nouerunt obliti sunt mei. Je te prometz quil est escript Job. xx.
Diuitias quas deuorauit euomet et de vētre eius extrahet illas deus.
Cest a dire que sexecuteur ou parent qui retient les biens des trespasses
les vomira en enfer es paines et tourmens ou les dyables les luy arra-
cheront a grans crocqs de fer.

L A quarte clef est la ieune des parens et amys des trespasses par
lesquelx quāt ilz sont faitz par eulx estans en estat de grace leur
valent a la diminudon de leurs paines. Ce appert par figure de bible
xxi.regum. iii. Du nous lisons que apres ce que abner eut este ocas en
trahyson par ioab. ce venu a la congnoissance de dauid. il dist a tout le
peuple qui estoit auecques luy. ceingnez vous et vestez des sacz et pleu-
rez et ieunez iusques aux vespres pour lame dudit abner esperant quil
euitast damnadon. En quoy appert cleremēt par le prophete royal que
ieuner et faire penitence pour les ames de purgatoire leur prouffite a la
diminudon de leurs paines. Or icy tu as prieres vigiles ieunes oraisōs
esquelles tu peulx rendre participans tes parens et amis. ce que ne doiz
differer faire. Car ainsi que tu faiz toy estant en ce monde. ainsi fera len
pour toy apres ta mort. Supra illud preallegatum faciet deus vobiscū
misericordiam. ⁊c.

Lesse sera bien de corne cornee
Dont luy fauldra sa grant cornete
Quau monde nest pas encor riee
Et escoutat le hault son du cor nete
Netz en espitz aussi netz du corps nete
Dont Vostre ame se sera encornee
Du grant cornu qui sans cesse cornete
Auecques toute cornardie escornee

Escornee sera du cornement
Dune tant terrible cornacion
fort cornante et se le cor ne ment
Eschapee nest encor nacion
La nacion nest qui de ces cornetz
Ainsi cornans en puist estre exemptee
Car sa seres infectz ou des corps netz
Auecques toute cornardie escornee

Encor ne naist nul exept du cornu
Ne de celle grande cornarderie
Et quant chascun sera la du corps nu
Garde naures qune cornarde tie
Cornarderie naura quelque cornarde
Ne escorne cornard a sa iournee
Doncq priõs a dieu q̃ noz corps narde
Auecques toute cornardie escornee

D sait michel garde nous du cornãt
De corps cornu car se le cor ne rompt
Cornupetant nous Ventra escornant
Quãt les anges de leur cor corneront
Le corps ne rõpt iames aux bie cornez
Aux oreilles cornans nuit et Vespree
Pour nous redie de noz corps escornez
Auecques toute cornardie escornee

Dictie des trespassez en forme
de balade. et du iugement.

Venimeuses tu qui portes sa corne
Tous escornans de ton escoine cor
Au contraire dune grande licoine
Rendant le lieu plus intoxique encor
Encor cornes cornemet dun grãt cor
Dont les cornars sen Vont a la cornee
Tous escornez naiõs en leurs cors cor
Auecques toute cornardie escornee.

¶ Encores de ce.

¶ Peuple mõdain qui par ce lieu passez
Les hp deux corps veez des trespassez
Ainsi finis par la grefue morsure
De atropos: dont ilz sont enlacez
Priez pour ceulp qui vous ont amassez
Biẽs en leur tẽps p chault z par froidure
¶ Car leurs ames trãsmises en depos
Au grant lethes priuees de repos
Sont a souffrir trop atroce pressure
Du demourrõt long tẽps ie võ assure
Se par bienfais hors ne les enchassez.
¶ Et tout ainsi que du grief q̃ leur dure
Les aleger aures souffp et cure
Par les vostres bõs seres pourchassez
Quãt ou cercueil seres deulp enchassez
De verite cecp ie vous annonce
Les biẽs de biẽ maulp de mal cõpensez
vous serõt plus iust quau poip de lonce
Quãt mort finale viẽdra faire semonce

¶ Rondel

¶ Tous et toutes mourir il no⁹ cõuiẽt
Feiɓles et fors: icp le pouez lire
David le dit en psalmiste lire
Souuẽteffops acoup ainsi quon vient
¶ Juste raison a cela bien conuient
Quen craignãt de larchitonant lire.

¶ Tous et toutes

¶ De lathesis et de clofo lempire
Rõpt dõt mourrõs et tout cela aduiet
Souuẽteffops acoup ainsi quon vient
¶ Du doulp tulles le beau liure cõtient
De vieillesse que len ne peult desdire
Que nous auec noz choses sans redire
Nõ saichãt quãt et tout ainsi quon tiẽt

¶ Tous et toutes

¶ Encor du iugement final

Toutes les fops que pẽse a ceste histoire
Du iugement: ie pers sens et mempire

Quant me souuient de ce que nous racõte
Saint pol q̃ dit q̃l nous fault rẽdre cõpte
De tous les faiz que nous fismes onques
Soit biẽ ou mal: or nous aduisõs donc̃s
Que porterõs deuant si iuste iuge
A ce grant iour: auquel nest le deluge
A comparer: car si espouantaɓle
Sera pour veoir: et si aɓhominable
Si horriɓle/si dur/si perilleup
Si a doubter/si grief/si merueilleup
Que ciel/et mer/et terre bruleront
Et les anges de paour trambleront
La grãt trompe dira moult haultement
Leuez sus mors: venez au iugement
La tous et toutes estre iugez cõuient
helas dolens trop peu nous en souuiẽt
Le iuge a tous fera lors equite
Par ces deux motz Ite et venite
Et si dira ce qua pour nous souffert
Et que pour tous il sest a mort offert
De ses poures com leuangile touche
Pareillemẽt nous donta grant reprouche
Se voulentiers ne les auons portez
Nourris/vestus/logez et confortez
Las que ferons quant excusacions
Riens np vauldront: ne lamentacions
Rien serons matz/tristes et esga rez
Quãt tous noz maulp serõt lors declarez
Deuant si haulte et grande compaignie
De multitude et puissance infinie
Le iuste a grant paine saulue sera
Or regardez que lintuste fera
Car lors seront les mauuais deboutez
Dauec les bons: et en enfer boutez
En feu puant auec les ennemps
Qui de nuire ne sont iamais temps
Paines p a plus que nul ne peult dire
Souffisãment: ne la griefte descripre
Tourment auront la sans redempciõ
En ame et corps sans intermission

A tousiours sas quel horreur a penser
Cest a iamais veullez y fort penser
Et priez dieu du cueur deuotement
Quen ce monde viuons si sainctement
Quoy puissiõs a ste voiy doulce z clere
Venez a moy beneis de mon pere.

℟ Õme mortel pense que porteras
Au iugement: car sa iuge seras

℟ Inuectiue morale et figuree

Plus aguetans quun cauteleux renard
Ou garderas sardant tous vardãt dart
Lait sourd hideupz froit cõe vng escousse
Quãt sur aucũ mes ton faulx et mal art
Si beau corps nest que ne faces setard
Le vent nothus trescorrumpu te souffle
Du bas chaos qui a la gueule ouuerte
℟ atend sortir nen puisses que a tard
Ie ty resegue auecques ton bastard
Soul se pesche et par sentence aperte
Trop esbranles se buc a proserpine
Que iuuenal appelle vine de mort
Laisse ses bons grise sa gent maligne
Qui seulement de bien fait se remort
Nul vertueux soit par tes mals de mort
Permetz des gens acroistre lassemblee
Sans tant fraper ainsi a la volee
Vng bie feras plain de los:mais au fort
En oit terroir croist a tard belle blee.

℟ Ireux spon au chef plain de fureur
Licorne ou front au rebours venimeuse
Dos asinal souffrant toute sueur
De trois tiges de grãs dens dãgereuse
Piez cabasins te monstrent curieuse
O ton parler humain mors a semblee
Ton pie cervin a nul bien ne samuse
Et sa raison cy est icy prouuce
En oit terroir croist a tard belle blee.

℟ Balade morale

Aymez les bons donnes aux souffreteux
Soyez large ou il appartiendra
Durs aux mauues z aux poures piteux
Et restraignez quant tẽps se requerra
Saichez a qui vostre don se fera
Et ce al a desseruy pour sauoir
Du bien cõmun faictes vostre deuoir
A ce deuez sur toutes choses tendre
Car tous ces pointz fist iadis assauoir
Aristote: au grant roy alexandre

℟ De dieu soies en tout tẽps cõuoiteux
Aymer seruir: et il vous secourra
Gardez la foy et iustice a tous ceulx
Et a celluy qui contre offensera
Sãs espargner chascũ vous doubtera
Ne conuoitez de voz subietz sauoir
Voz parolles soient trouuees en voir
faictes les grãs aux petis leur droit rẽdre
Car tous ces poins fist iadis assauoir
Aristote: au grant roy alexandre

℟ Encor suy dist: ne soyez paresseux
Mais diligent quant il se conuiendra
Tenez les saiges et anciens et preux
Au pres de vous. et ce vous aidera
A gouuerner. si que nul ne pourra
Vostre royaulme greuer ne deceuoir
Vous voz subiectz feres riches dauoir
Estre begnin tãt au grãt cõe au mendre
Car tous ces poins fist iadis assauoir
Aristote: au grant roy alexandre.

℟ Ly sensuyuent aucunes peticõns et
demandes que font bergiers entre eulx a
nostre dame comme a leur mere: deman
dans lun a lautre de leurs heritaiges du
royaulme de paradis.

MA doulce nourrice pucelle
Qui de Vostre tendre mamelle
Vostre createur alaictates:
Et qui Vostre pere enfantates
Ma dame et ma loyale ampe
Combien queie ne soye mpe:
Digne destre en Vostre seruice
Je Vous supply que sans office
Sauain demandoit qui ie suys
Je puisse dire qui ie suys
De Vostre court royne des cieulx
En esperance dauoir mieulx
Et destre de Vostre famille
Ma doulce de dieu mere et fille
Non mpe comme seruiteur
Car se me seroit trop donneur
Et seroye trop guerdonne
Destre Vostre poure donne
Et se cest pour moy trop grant don
Je Vous requiers dame pardon
Car se tresamoureuy desir
Que iap dame de Vous seruir
Le fait: qui ainsi ma oultre
Et quoy quil soit de sa sante
Le malade ce scet on dire
Prent Voulentiers ce qui desire
Pour ce sil Vous plaist en gre prendre
Desmaintenant sans plus attendre
Je Vous donne mon corps et mame
Si fait pareillement ma fame
Et Vous faisons foy et hommaige
De tout nostre petit mesnaige
Aussi dame Vous nous deuez
Garder: se Vous nous receuez
Et se de nous prenez la garde
Nous nauons de sennemy garde
Et se Vostre filz Vouloit dire
Quil est de tout le monde sire
Et qua luy appartient lommaige
Nous sommes de Vostre lignaige

Et de par pere et de par mere
Et luy du coste de son pere
Je croy bien quil soit de bon lieu
Mais en tant quil est filz de dieu
Nous ne sommes de riens parens
Et sil Veult produire garens
Disant quil print humanite
Je croy bien quil dit Verite
Mais ce fut de Vous seulement
Car oncques homme nullement
Joseph mesmes Vostre espouse
Ne Vous toucha ne neust ose
Vostre filz mesmes le scet bien
Et doncques ne nous est il rien
Se ce nest de Vostre couste
Et sil dit: il ma chier couste
Car ien ay mon sang espendu
Et ay souffert destre pendu
Au piteuy arbre de la croix
Il dit Vray ainsi ie le crois
Mais qui souffrit ceste grant paine
Feusse pas ceste chair humaine
Dont sa deite Vous couuristes
Lois quant a lange consentistes
Estre du filz de dieu ensaincte
Ceste precieuse chair saincte
Fut prinse dedens Vostre Ventre
Du plus pur sang. et endrementre
Que Vous feistes ceste response
La deite estoit esconse
Dessoubz la forme de lenfant
Dont a peu que le cueur ne sent
A nostre grant mere nature
Car la chose luy est tant dure
De Vous Veoir enfanter pucelle
Et apres demourer itelle
Quel nen peult congnoissance auoir
Mais celle Vouloit tant sauoir
Comme dieu chair humaine prit
Aille parler au sainct esperit

Cestuy suruint quãt dieu le pere
faisoit vmbie au sainct mystere
Noncq home du lignaige humain
Ny fust present ne mist la main
Ceste chair de vous seule prise
fut a grief mort en la croix mise
Noncques du coste paternal
Nul nen souffrit peine ne mal
Si le vit bien son pere pendre
Et si len pouoit bien defendre
Mais par sa doulce charite
Il voulut que humanite
Si souffrit mort et passion
Et pour nostre redempcion
Si le requist il bien et fort
Pour dieu ql ne souffrit poit mort
Mais dieu le pere de sa grace
Dist: mon filz il fault qui se face
Si en sont a luy les merds
Et quant a ce que dieu le filz
Dit quil nous a cher achetez
Et sil ne nous eust rachetez
De quoy eust il remply les cieulx
Des anges qui cheurent diceulx
Et quant a ce qui se dit estre
De tout le monde roy et maistre
Affin qua tout on luy responde
Son regne nest pas de ce monde
Du luymesmes se contredit
Item il a autre foys dit
Quen ce monde le filz de lhomme
Parlant de luy nestoit pas come
Sont les bestes et les oyseaulx
Qui ont cauernes et nycs beaulx
Car il na lieu ou mectre puisse
Son chef a couuert: or quen truisse
Quil ait depuis quil dit cecy
Riens acquis en ce monde cy
Dequoy lauroit il acqueste
guant quil a en ce monde este

Il a vescu en indigence
Ne nul ne peult sauoir quil pense
vneffoys il dist tout est mien
Autrefoys il dit ie nay rien
Or sil dit quil a seigneurie
Dont luy vient este doihererie
Il neust oncques predecesseur
A quoy seroit il successeur
Quel tiltre peult il auoir ores
veu que son pere vit encores
Et si ne se mancipa oncques
Il ne peult riens possider doncques
Tant que son pere soit en vie
Ou si fault quautrement on die
Quen ce monde il est filz sans pere
Doncques estes vous comme mere
Legitime administraresse
De ses biens et gouuernetesse
La coustume du monde est telle
Si il dist quil est hors de tutelle
Et en aage on se luy confesse
Mais chascun voit coment il lesse
Aler a mal son heritaige.
Il donne au fol il oste au saige
Des biens mondains si largement
Que ceulx de son gouuernement
viuent en grant mendicite
Et aux folz plains de vanite
Il en donne a grant foison
Et croy que par ceste raison
On pourroit dire sa largesse
Ne venir pas de grant saigesse
Et y pourroit on en verite
y noter prodigalite
Joinct ce quon ma dit que iadis
Habandonna son paradis
A qui le vouldroit acquerir
Par quoy la sus ne fault querir
Ne gouuernement ne police
Ne nes vng exploit de iustice

Aussi ny a il nulz sergens
Car il ny entre nulles gens
Tendre fies ne gaige quen truisse
Dont executer on les puisse
Et si ny a nulz aduocas
Quant il y aduient aucun cas
Il nest qui plaide ne qui gaigne
Sinon maistre pues de bretaigne
La raison est car quant il plaide
Nul nest pour sa partie aduerse
En paradis iusques a huy
Nentra oncq aduocat que luy
Et vela se gouuernement
Car tout le plus comunement
Tous ceulx qui paradis acquierent
Sont ceulx q ça bas le pain quierent
Et quant sassus peuuent saillir
Jamais ney vouldroient saillir
Et dient que cest leur pays
Dont les clercs sont fort esbays
Et quant est des fies de ca bas
Vous voyez ses guerres et debas
Pource qui les a mal partis
Les bandes et les appatis
Ne viennent qua ceste achoison
Car quant il donne grant foison
Au fol possessions et terres
Cest a feure que sont ses guerres
Et quant tout estoit en comun
Il ny auoit debat nesvn
Car lan de sa natiuite
Tout estoit en tranquillite
Mesmes du temps octouien
Tous viuoient en paix et tresbien
Mais puis qil fut ne ca bas neust
Bie nung des fies quo recogneust
Sincorps pour dieu quierent le pain
Ainsi que sil mouroit de faim
Et souuent dont mesbahys bien
Onseur dit dieu vous face bien

Et cest pour luy qui se demande
Ainsi fault quen son nom truandet
Le quil na que preste de grace
Et sil aduient quaumosne on face
A ses membres quil dit ses poures
Cest de leurs reliefz et leurs sobres
Et brief il donne tous ses biens
A ceulx qui ne le prient riens
Et croy sil est hors de tuteur
Quon luy bauldra conduiteur
Et quant au fief dont est gresse
Par dieu ma tres doulce pucelle
Quant a moy ie ne doubte mie
Veu voltre genealogie
Et voltre cas bien entendu
Bien assailly bien defendu
Que tantost la court souueraine
A vous come a la plusprouchaine
Adiugera la retenue.
Mais dame vous auez tenue
Tousiours la voie de doulceur
A voltre filz et pour seigneur
Vous sauez tousiours recogneu
Et sa si longuement tenu
Droit ou non par succession
Quil en a la possession
Et comme dire iay oup
Il en a si long temps ioup
Quil nest memoire du contraire
Ne son ne vous vit oncques faire
Riens par quoy sa prescripcion
Print aucune interrupcion
Tousiours sauez tel aduoe
Mesmes la veille de noe
Aussi tost quenfanter vous leustes
Pour seigneur vous le recogneustes
Et lappellastes crea teur
Doncques est il plus que seigneur
Item quant vous vo accordastes
A lance par luy vous mandastes

Que Vous estiez sa chamberiere
Seruante nest pas coustumiere
De receuoir ne ne doit estre
La foy des vassaulx de son mestre
¶ Di pour venir a la rigueur
Sans porter hayne ne faueur
A vous dame na vostre filz
Lors que hommaige a vous feiz
Vous deux estiez comuns en biens
Donc somes nous vostres et siens
Ainsi a vous nappartiendroit
Qua chascun la moitie du droit
¶ Mais pour venir a lequite
Et a la droicte verite
Oncq entre vous riens ne partistes
Ne ne ferez faictes ne feistes
Ains est a perpetuaute
ferme: ceste communaute
Donc sommes a chascun de vous
Par indiuis chascun de nous
Et tousiours a vous voulons estre
Sans autre mestresse ne mestre

Et pource que toute personne
Doit a cil qui a luy se donne
Sa vie: nous vous requerons
Tant quen ce monde nous serons
Que comme a voz poures donnez
Des biens mondains vous nous donnez
Sans richesse ne pourete
Le quil nous est necessite
Pour passer ceste poure vie
Si que nul de nous ne mendie
Car enuis en mendicite
Treuue len foy ne verite
Et aussi sans que de richesse
Vous nous donnez trop grat largesse
Nen demandons fors assez
Et quant nous serons trespassez
Donnez nous ma dame marie
La doulce et glorieuse vie
Laquelle octroye par sa puissance
La treshault et diuine essence
Seul dieu regnant en trinite
Par sa grande benignite

¶ Ly fine oraison tresdeuote a la glorieuse vierge Marie tendat a demander droit a la gloire de paradis auec elle et son cher filz. par ce que somes dung lignaige dune condicion z ses hoirs ou heritiers Et plus dabondat pour cause du mystere de redempcion faicte par son dict trescher filz. Laquelle nous soit donnee Amen.

¶ finist le compost et kalendrier des bergiers. Imprime a Paris par Guiot Marchant demourat au champ Gaillart derriere le college de Nauarre Lan. M.cccc.iiiixx et. vii. Le. vii. iour de Januier.

www.ingramcontent.com/pod-product-compliance
Lightning Source LLC
Chambersburg PA
CBHW050110210326

41519CB00015BA/3908